钱汤图解

〔日〕

盐谷步波

著/绘

汐和 译

四川美术出版社

前言

我是东京高圆寺小杉汤的员工兼插画师盐谷步波。感谢大家入手《钱汤图解》。

我自2016年11月起在推特发表系列插画《钱汤图解》，本书是这些插画的首次结集出版。在这个系列中，我运用正等轴测投影法[1]，从俯视角度绘制出浴室、更衣室等钱汤的内部结构。

之前，我因身体不适而暂停了设计事务所的工作，为了恢复身心健康，听从朋友和医生的建议，我开始经常去钱汤泡澡。钱汤开放的空间、与客人交往而获得的愉悦，加上交互浴（详见第76页）的疗效，令我的身心状况渐渐好

1　建筑制图的一种三维呈现方法，因每个坐标轴投影角度相等，故称为正等轴测投影法。——译者注（如无特殊说明，本书注释均为译者注）

2

转。我几乎每天都要去钱汤，甚至沉迷其中，把它当作生活的意义。趁此机会，我想向没去过钱汤的朋友传达钱汤的魅力，于是开始画《钱汤图解》。

就这样过了两年。我跳槽到了小杉汤，开始在杂志上连载老牌钱汤的采访，参加媒体节目，身边的环境发生了很大变化。尽管如此，《钱汤图解》所承载的这份心意——给大家传达钱汤的魅力——始终没有改变。

本书以此为宗旨，选取了能让钱汤初涉者到达人都乐享其中的24家钱汤，画出图解，展示钱汤的魅力，有我常去的，也有我一直想去并特意前去采访的。通过本书，读者若能发掘钱汤的魅力，爱上钱汤，向旁人推荐钱汤，使得去钱汤的人增加，或让去钱汤变成当代社会活动的一个组成部分，我将不胜欢喜。

那么，就请以泡在暖洋洋的澡池里般放松的心情，开始钱汤之旅吧。

第2章　享受钱汤　进阶者阶段　47

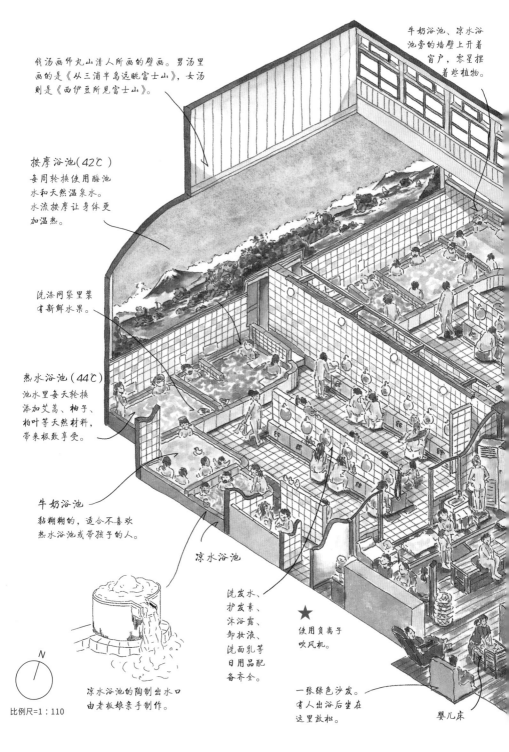

牛奶浴池、凉水浴池旁的墙壁上开着窗户，零星摆着些植物。

钱汤画师丸山清人所画的壁画。男汤里画的是《从三浦半岛远眺富士山》，女汤则是《西伊豆所见富士山》。

按摩浴池（42℃）
每周轮换使用酶池水和天然温泉水。水流按摩让身体更加温热。

洗涤网袋里装有新鲜水果。

热水浴池（44℃）
池水里每天轮换添加艾蒿、柚子、柏叶等天然材料，带来极致享受。

牛奶浴池
黏糊糊的，适合不喜欢热水浴池或带孩子的人。

凉水浴池

洗发水、护发素、沐浴露、卸妆液、洗面乳等日用品配备齐全。

★
使用负离子吹风机。

N

比例尺=1：110

凉水浴池的陶制出水口由老板娘亲手制作。

一张绿色沙发。有人出浴后坐在这里放松。

婴儿床

8

牛奶浴池（41℃）
牛奶色的温和浴池，又香又治愈。
有如包裹着棉花糖般的泡澡体验。
凡士林、蜂蜡和矿物油带来丰富功效。

凉水浴池（16~19℃）
循环流动的天然泉水。可
以有效冷却身体，很受交
互浴迷们欢迎。

更衣室、前台和
接待室的木地板
用柏木制成，光
滑洁净，走在上
面心情很好。

我是作者。
欢迎来到我
工作的小杉
汤。这里除了很受
欢迎的交互浴外，
还免费提供毛巾等
各种日用品，
很适合刚开始
接触钱汤的
朋友。

这也是我。

画廊·接待室
引人驻足欣赏的画廊。展品展出不需要花
钱，漫画也可以随意翻阅。出浴后可以在
这里好好休用一番。

摆着漫画的书架。
上面用插画的形式介绍近
期的热门读物。

展品每月更新一次。
展览预约非常多，
展期至少排到
两年以后。

这里是绘
本角。
可以读书
给洗完澡
的小孩听。

前台有免费的毛巾可用。花40
日元可以租用今治有机棉毛巾。

前台前面有饮水处。
推荐出浴后喝一杯。

用绞染和服制成的鲤
鱼布画古朴素雅。

去住女性
专用洗衣房。

本 家 钱 汤

前一页画的是我工作的小杉汤。从JR[1]高圆寺站北口出来，沿着以红色拱门为标志的纯情商店街往北步行5分钟，就可看到路旁的小杉汤。这家老店开业于1933年。除2003年翻新了浴室和接待室外，本体建筑物几十年来都没有变过。

小杉汤有三种常规浴池：牛奶浴池、按摩浴池和热水浴池。按摩浴池的池水每周一换，热水浴池每天一换，牛奶浴池则每天都有。每月有几天会提供啤酒浴池、酸橘浴池等放入新鲜原料的浴池，前台也会贩售相关产品。除此以外，每月休息日和营业时间前还会组织跳舞、现场表演和谈话会等活动。小杉汤以"交互浴圣地"闻名，热水浴池与凉水浴池的温差控制得非常好。其出色的交互浴体验在网上得到热议，慕名而来的客人不胜其数。除了免费提供毛巾之外，淋浴室里的洗发水、护发素、洗面乳等洗浴用品都配备齐全，完全可以两手空空前去，非常推荐给刚开始体验钱汤的朋友。

---

1 即日本铁路（Japan Railway）的缩写，是日本几家铁路运输公司的总称。——编者注

钱汤价格

各地价格各不相同，东京价格如下：

大 460 日元

12岁及以上

中 180 日元

6至12岁（小学生）

小 80 日元

6岁以下（学龄前儿童）

洗浴用品

旅行装或分装瓶
都可以。

卸妆液、洗面乳

多带几个小包装的，
有备无患。

毛巾

最好在袋子里备一条
小毛巾！

携带物品

放进防水袋或
编织袋里。

内衣、袜子

出浴后换上干净清爽的
内衣和袜子。

爽肤水、乳液

推荐使用无印良品的
分装瓶。

钱汤的体验步骤

"不知道该怎么去钱汤，有点心里没底。"——我经常听到没有去过钱汤的朋友说这句话。为了让第一次去的朋友可以轻松体验钱汤，在钱汤工作的我将把钱汤的体验步骤画成图解，希望可以帮助大家享受到钱汤的乐趣！

1 带着毛巾和洗脸用品进入浴室。

2 拿着水桶和板凳坐在空余的冲洗位置。

建议把毛巾搭在喷头上。

有些钱汤会在冲洗处备好水桶和板凳。

3 在进入浴池前先把身体洗干净。

用水桶盛热水冲洗后背。

4 冲洗时注意不要影响身边的人。

5 使用后把水桶和板凳放回原来的位置。

如果放在原地，别人会以为这个位置还有人在用，后面的人就没法用了。

6 用完的洗脸用品和毛巾放在架子或洗脸台上。

架子一般在入口或洗脸台旁边。

7 进入浴池前先泼些热水到脚上。

让身体适应池水的温度。

冲掉粘在脚上的头发。

8 为了不妨碍后面的人进入浴池，不要靠在出入口边上。

别人进不来也出不去。

9 聊得开心时也不要太过喧闹。

欢迎大家在浴池里聊天。但有人想安静享受，所以不要大声交谈。

10 进桑拿房后铺上毛巾再坐下。

为了后面的人，不要留下自己的汗水。

11 桑拿后冲洗掉身上的汗，再去凉水浴池。

不要带着一身臭汗进入凉水浴池哦！

12 简单清洗一下浴室入口。

13 好好擦干身体，然后前往更衣室。

穿着袜子走在湿湿的地上可能会败坏兴致……

14 吹干头发后稍微清理一下。

为了后面的人，用毛巾或者纸巾简单清理一下台面。

13

《钱汤图解》阅读方法

■《钱汤图解》运用"正等轴测投影法"（※）画出钱汤建筑内部的俯视图。作画前先对建筑物内部进行测量，计算浴池的面积和高度，乃至冲洗处的角度等，再根据图解所示比例尺等比绘制。

（※）正等轴测投影法是一种表现立体物件斜视图的方法。在对立体物件投影时，三个坐标轴间的角度均呈120°，但《钱汤图解》会根据每个钱汤的特点改变坐标轴间的角度。

■读者可以了解浴池和桑拿的种类，欣赏钱汤内部建筑，也可以观察里面呈现各种姿态的人物。从任意一页开始，用你喜欢的方式去阅读吧。

■"04 萩之汤""06 大黑汤（押上）""11 汤丼荣汤""12 吉之汤"的图解是2017年7月至2018年2月画的。其他钱汤的图解、短文和小栏目是基于2018年7月至11月进行的采访制作的。

■本书所载资讯和插画根据当时的采访制作，一些钱汤后来可能会更换漆画、设备。最新资讯请向各钱汤确认。

第 1 章
认识钱汤

初涉者阶段

从这里开始体验钱汤。

初涉者也能轻松尝到乐趣的 7 家钱汤。

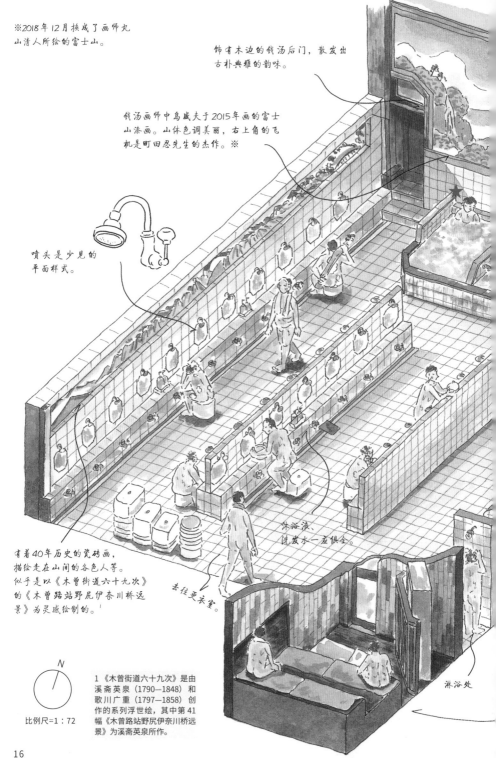

※2018年12月换成了画师丸山清人所绘的富士山。

饰有木边的钱汤后门，散发出古朴典雅的韵味。

钱汤画师中岛盛夫于2015年画的富士山漆画。山体色调美丽，右上角的飞机是町田忍先生的杰作。※

喷头是少见的平面样式。

有着40年历史的瓷砖画，描绘走在山间的各色人等。似乎是以《木曾街道六十九次》的《木曾路站野尻伊奈川桥远景》为灵感绘制的。¹

去往更衣室。

淋浴液、洗发水一应俱全。

淋浴处

N

比例尺=1：72

1 《木曾街道六十九次》是由溪斋英泉（1790—1848）和歌川广重（1797—1858）创作的系列浮世绘，其中第41幅《木曾路站野尻伊奈川桥远景》为溪斋英泉所作。

★ 较深的坐式按摩浴池。

水蓝色的漆画边缘符合人们对钱汤的清爽印象。

白汤[2]（约42℃）

浴池宽敞，水位稍浅，且配有躺卧式按摩装置。

2 即不同于药浴水的普通池水。

池水从垒叠的石头中流出，这样据说能过滤池水。

躺卧浴池

池水从石头上流下。

露天浴池
（约42℃）

由石头砌成的浴池。坐在池子里环望庭院，矮胖的灯笼颇显可爱，墙边的树木向着天空生长。坐下来能欣赏到整个庭院的风光。

凉水浴池
（16~19℃）

水温适宜，让蒸过桑拿的身体缓缓降温。

灯笼

桑拿
（女汤87℃／男汤90℃以上）

在湿湿高温的环境下汗流浃背。女汤的桑拿房更宽敞。

3 据调查，因建筑老化和店主身体状况欠佳，大黑汤已于2021年6月闭店歇业。——编者注
4 古代建筑的博风板，从屋顶两端伸出山墙外，用以阻挡风雪。唐破风的特征在于博风板中央部呈圆弧弯曲状。

01
钱 汤 的 原 貌

东京·北千住

大黑汤[3]

男汤

带唐破风[4]的建筑屋顶、气派的漆画、宽敞的浴室、日本庭院般素雅的露天浴场。在"钱汤之王"感受纯正钱汤风貌。

钱 汤 的 原 貌

　　足立区的北千住，除了活力洋溢、充满庶民风情的街道外，还随处可见流露怀旧气息的钱汤，因此被钱汤爱好者冠以"圣地"之名。位于此地的大黑汤则被称为"钱汤之王"。漫步在店铺林立的商店街，走过可乐饼店、蔬菜店、关东煮店等百姓店家，便可以看到一座庄严的建筑。曲线和缓的卷棚式博风板屋顶，与后面两个三角形屋顶相连。这种近似佛寺的造型被称为"宫造"，在东京的钱汤建筑上多有采用，但如此气派的还是比较少见的。

　　大黑汤开业于1929年。以前叫"现代汤"，现任老板娘清水小姐的公公在1955年接手后，改名为"大黑汤"。几次改造后，在二十二年前基本形成了现在的样貌，但建筑物本体从开业以来未曾改变。穿过写有"大黑汤"的深蓝色门帘便是接待处。越过前台样式的收银台能看到高出地面的座位和浴池。进入女汤更衣室后，我震惊于钱汤内部的宽敞，感觉比从外面看要大两倍，天花板也很高。格状木质天花板上画着稍有褪色的花鸟风月。赤身裸体的老奶奶们坐在中间的长椅上谈天说地，我不知不觉沉浸在钱汤的独特氛围里。

　　进入钱汤，我的目光一下子就被墙上的野尻湖漆画（男汤画的是富士山）

吸引了。在宽敞的浴室前方，是一排排朴素的水龙头，里边先是凉水浴池，然后是其他深浅不一的浴池。虽然这里的结构是按照钱汤的一贯标准建造的，但上述细节无不彰显着"钱汤之王"的风范。

泡进最大的浅浴池，适宜的温度令人发出"呼"的一声感叹。一边感觉肩膀的舒缓，一边观察室内景象。光线从高高的天窗平静地透射进来，浴池和冲洗处的瓷砖颜色淡雅，老奶奶们在一边聊天一边清洗身体。透过水蒸气观赏的这些瞬间，仿佛电影场景那样优美。我不禁回味起钱汤的美好。出浴后，我回到接待室喝起牛奶，让泡完澡的身体降温。清凉的风从澡池对面的窗户吹拂进来，携带着庭院里的桂花香，让人感到秋天的来临。出浴后的如此一瞬，是独属钱汤的风情。怀着对这氛围的留恋，我喝下最后一口牛奶。

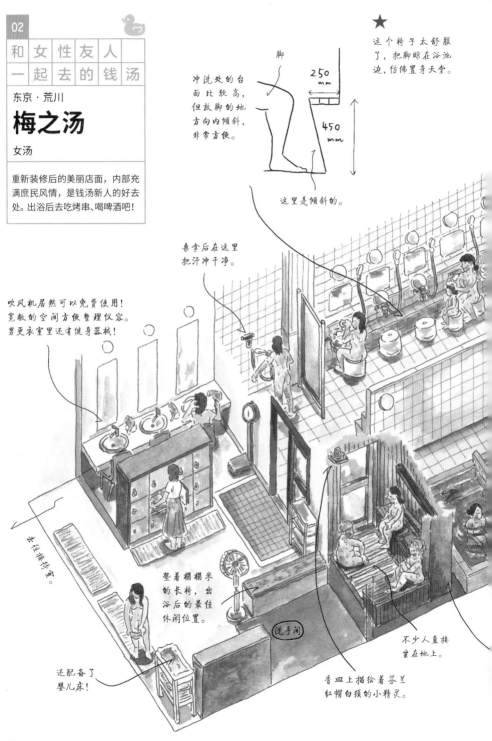

02

和女性友人一起去的钱汤

东京·荒川

梅之汤

女汤

重新装修后的美丽店面，内部充满庶民风情，是钱汤新人的好去处。出浴后去吃烤串、喝啤酒吧！

★
这个椅子太舒服了，把脚晾在浴池边，仿佛置身天堂。

脚

250 mm

450 mm

冲洗处的台面比较高，但放脚的地方向内倾斜，非常方便。

这里是倾斜的。

桑拿后在这里把汗冲干净。

吹风机居然可以免费使用！宽敞的空间方便整理仪容。男更衣室里还有健身器械！

去往候诊室。

垫着榻榻米的长椅，出浴后的最佳休闲位置。

洗手间

还配备了婴儿床！

香皿上描绘着芬兰红帽白须的小精灵。

不少人直接坐在地上。

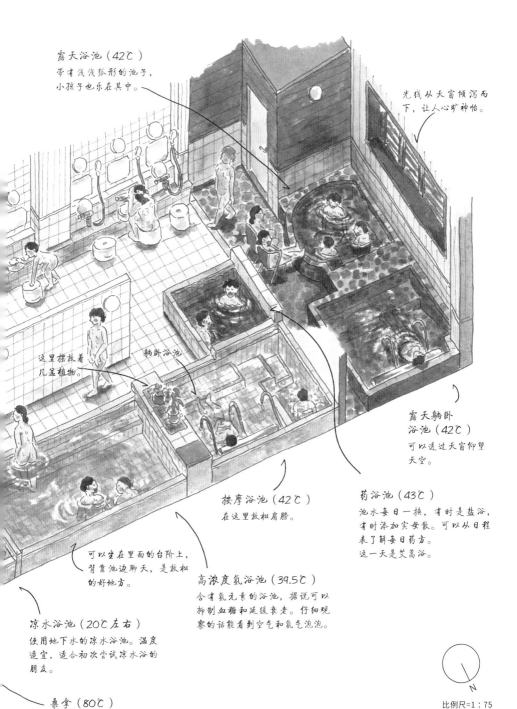

露天浴池（42℃）
带有浅浅弧形的池子，
小孩子也乐在其中。

光线从天窗倾泻而
下，让人心旷神怡。

这里摆放着
几盆植物。

躺卧浴池

露天躺卧
浴池（42℃）
可以透过天窗仰望
天空。

接摩浴池（42℃）
在这里放松肩膀。

药浴池（43℃）
池水每日一换，有时是盐浴，
有时添加实母散。可以从日程
表了解每日药方。
这一天是艾蒿浴。

可以坐在里面的台阶上，
背靠池边聊天，是放松
的好地方。

高浓度氢浴池（39.5℃）
含有氢元素的浴池，据说可以
抑制血糖和延缓衰老。仔细观
察的话能看到空气和氢气泡泡。

凉水浴池（20℃左右）
使用地下水的凉水浴池。温度
适宜，适合初次尝试凉水浴的
朋友。

桑拿（80℃）
免费使用。靠背后有蒸汽管，触感温暖湿润。

N

比例尺=1：75

和女性友人一起去的钱汤

"好想体验一下钱汤啊。"尚不熟悉钱汤的女性朋友们突然说道。听罢,我首先推荐给她们的就是荒川区的梅之汤。梅之汤在2016年翻新过,建筑崭新,用品齐全。附近的居民无论老幼都时常光顾这里。这里有着传统钱汤的氛围,非常适合初次去钱汤的女性朋友。

从都电荒川线的小台站下车,走过充满庶民风情的商店街,就会看到印有梅花标志的可爱门帘。穿过门帘上到二楼大堂,除了小瓶洗发水、毛巾和爽肤水等必备用品,收银台处还贩卖T恤、唱片等原创商品。毛巾可租借使用,洗发水也有配套,客人完全可以空手而来。出入口的架子上有无硅洗发水和沐浴露,加100日元就能使用。"用哪个好呢?"选择困难也是一种乐趣。

进入钱汤,朋友一脸吃惊:"这就是钱汤?"铺着白色瓷砖的钱汤给人清洁明亮的感觉。里面有桑拿、氢浴池、药浴池和露天浴池等。看到不同年龄段的人穿梭其中,感觉自己两眼闪闪发光。清洗完头发和身体,两人一起"哗"地躺倒在露天的躺卧浴池里。仰望窗外天空,倾听唧唧蝉鸣,额上汗水被风轻轻拂去,心情随之平静。"明明就在东京,却好像从远方来过暑假一样。"体会

在家中浴缸享受不到神游之感，也是钱汤特有的乐趣之一。

　　在氢浴池里畅谈，为药浴的丰富而惊喜，在桑拿房里一起流汗。各种活动体验一番后，回到更衣室穿戴整齐，向一楼的烤串店进发。一边注视着老板娘（梅之汤少东家的母亲）烤串，一边喝一口生啤。出浴后的一杯酒果然是至高的享受。烤鸡肉串鲜嫩多汁，特别美味，拿来填饱出浴后的肚子再好不过。席间的闲谈也比平时更为惬意。回去的路上，一脸满足的友人问："下次去哪家钱汤？"看起来初次的钱汤体验非常成功。就这样，我们带着出浴后的轻松心情，聊着下一次钱汤之旅，慢慢离梅之汤而去。

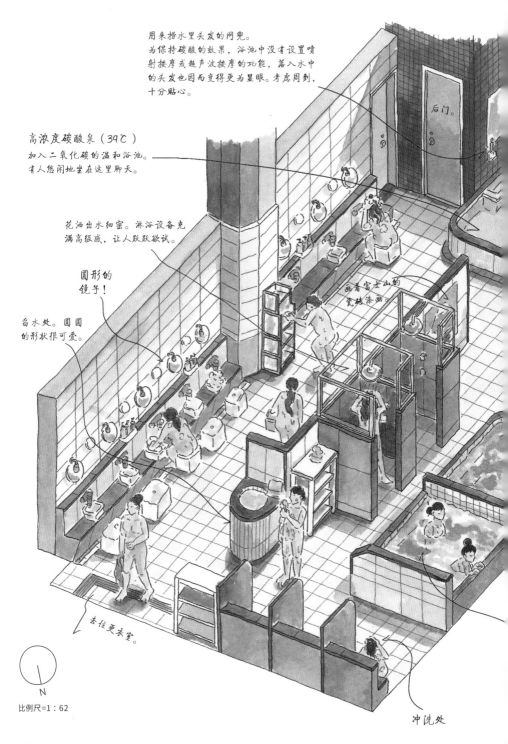

用来捞水里头发的网兜。
为保持碳酸的效果，浴池中没有设置喷射按摩或超声波按摩的功能，落入水中的头发也因而变得更为显眼。考虑周到，十分贴心。

高浓度碳酸泉（39℃）
加入二氧化碳的温和浴池。有人悠闲地坐在这里聊天。

后门。

花洒出水细密。淋浴设备充满高级感，让人跃跃欲试。

圆形的镜子！

画着富士山的瓷砖漆画

蓄水处。圆圆的形状很可爱。

去往更衣室。

N

比例尺=1：62

冲洗处

24

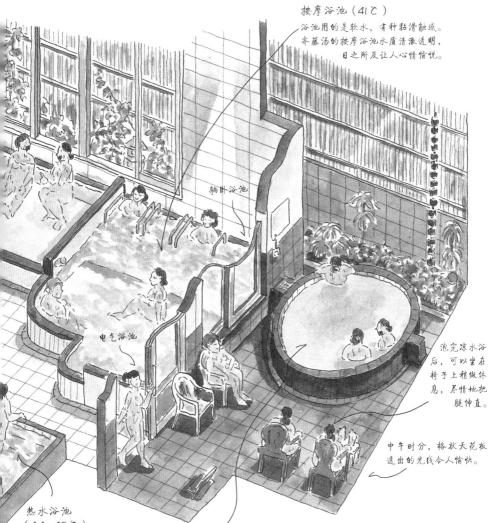

按摩浴池（41℃）

浴池用的是软水，有种黏滑触感。齐藤汤的按摩浴池水质清澈透明，目之所及让人心情愉悦。

躺卧浴池

电气浴池

泡完凉水浴后，可以坐在椅子上稍做休息，尽情地把腿伸直。

中午时分，格状天花板透出的光线令人愉快。

热水浴池
（44~45℃）

温度较热。按照热水浴→凉水浴→外气浴[1]的顺序循环，能促进血液流通，减轻身体压力，舒缓心情。

1 在钱汤浴池外，让自然流动的空气冷却身体的一种做法。

丝滑浴池（40℃）

蕴含大量超微气泡的浴池。气泡按摩身体，起到保湿效果。肌肤被气泡完全包裹的感觉让人欲罢不能。

凉水浴池（25℃左右）

较为温和的凉水浴池，温度不算太低，和热水浴池的温差刚刚好。

03

真挚的钱汤

东京·日暮里

**日暮里
齐藤汤** 女汤

以真挚态度打造令所有人都满意的钱汤。这里提供最高品质的生啤和0到99岁都可放心享受的软水浴池。

真挚的钱汤

　　把JR日暮里站前车水马龙的喧嚣抛在身后，走进低矮建筑群间的小巷，就看到建有两层三角瓦屋顶建筑入口。外观崭新时髦，写有"齐藤汤"的波浪形木制招牌、瓦屋顶、门帘，还有写着"汤"的霓虹招牌，处处体现钱汤特色。掀开蓝色门帘走进，便看到摆着日用品、产品册子和大大小小啤酒杯的吧台。

　　出面迎接的是第三代老板齐藤胜辉先生。这里以前叫"大正汤"。1948年，上两代人买下后，按照自己姓氏将之改为"齐藤汤"。经过齐藤家的历代经营，老旧的建筑在2015年得到翻新。那时，齐藤先生认为钱汤的初衷在于"合家乐享浴池的温暖"，于是决定为全部浴池换上水温温和的软水，以便0到99岁的人都能使用。想到成年人的最高享受就是出浴后喝上一杯啤酒，便又设置了可以喝酒的吧台。为了让客人出浴后喝上最好的啤酒，齐藤家的经营者接受了详细的指导，获得了朝日啤酒"啤酒大师"的认证。他们注重啤酒设备的清洁、管理和温度控制，在细节上下足功夫，如此才提供出与众不同的啤酒。

　　采访结束，我开始泡澡。浴池里设定好温度的温润软水让人特别放松。热水浴池和凉水浴池的温差非常合适，几次交互浴后，身体的疲惫一扫而尽。露天浴池边摆有日本风格的椅子，靠在椅背上把腿伸直，舒服得仿佛置身天堂。丝滑浴池带来包裹全身的触感，身心得到了充分放松。

　　出浴后，体内仿佛流过清爽的水流，好不惬意。再前往吧台，从啤酒机接上一杯啤酒，握住冰凉的酒杯痛快喝上一口，丰盛的泡沫滑入出浴后清净的体内。泡沫细腻，口感清爽，令人沉迷，回过神时才发现杯子已经空了。早知道应该要更大杯的……这就是从浴室到啤酒，各方面都追求高品质和至臻感受的齐藤汤。他们还举办女子限定活动"女子特别日"，真挚热忱、一丝不苟的态度始终如一。

钱汤的主题乐园

东京·莺谷

向阳处之泉 萩之汤

女汤

从露天浴场到碳酸泉应有尽有。满足体验多种浴池和出浴之乐的愿望。

1 寿汤和药师汤是另外两处钱汤，分别见第120页、第80页。

白汤（39℃）
集按摩浴池、躺卧浴池、电气浴池于一体的宽敞浴池！就算和亲朋好友一群人泡澡谈天也绝不会感到拥挤。

这面墙壁上贴着一些布告，包括只有在寿汤、药师汤和萩之汤才能看到的连载漫画。

躺卧浴池

电气浴池

软水浴池（44℃）
女汤特供。每天提供不同的药浴。接触池水时，身体会被热得颤抖，但之后便让人欲罢不能。

可以坐在中间地板上。

休息用的长椅。瓷砖表面凉凉的，桑拿后可以靠坐在这里尽情舒展身体。

炉子

汲水处

桑拿（88℃）
最大的钱汤桑拿！2017年经过翻新，还带着新鲜木材的香气。

盐桑拿（65℃）
把盐涂在身上充分按摩，肌肤肉眼可见地变得光滑。

凉水浴池（女汤19℃／男汤17℃）
宽敞到可以把腿伸直。超声波的强度让身心放松。

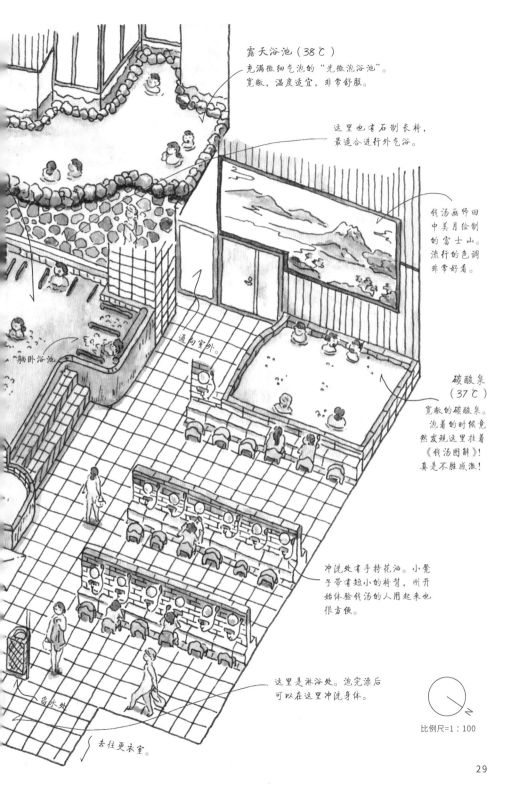

露天浴池（38℃）
充满微细气泡的"光微泡浴池"。
宽敞，温度适宜，非常舒服。

这里也有石制长椅，
最适合进行外气浴。

钱汤画师田
中美月绘制
的富士山。
流行的色调
非常好看。

通向室外。

躺卧浴池

碳酸泉
（37℃）
宽敞的碳酸泉。
泡着的时候竟
然发现这里挂着
《钱汤图解》!
真是不胜感激!

冲洗处有手持花洒。小凳
子带有短小的椅背，刚开
始体验钱汤的人用起来也
很方便。

这里是淋浴处。泡完澡后
可以在这里冲洗身体。

留水处

去往更衣室。

比例尺=1：100

29

钱汤的主题乐园

　　要说既能泡澡又能满足食欲的钱汤，那必然是萩之汤了。从JR莺谷站出来走几分钟，穿过开着各种怀旧咖啡厅和小吃店的小路，能看到一栋十几层的公寓楼。公寓楼的一层到四层就是2017年翻新过的萩之汤。一层是入口，二层是前台和食堂，三层是男汤，四层是女汤，说它是全东京最大的钱汤也不为过。

　　萩之汤设有盐桑拿（只限女汤）、普通桑拿、露天浴池、碳酸泉等各色浴池，顾客可以尽情享受多种泡澡乐趣。我一般会在洗干净身体后，在中间的大浴池泡一会儿，让身体暖起来，然后去蒸盐桑拿。从篮子里抓一点盐，抹在双腿上，从脚底到大腿根部，一边揉搓一边按摩，等盐化了再冲干净，随后进入普通桑拿室。说不定是盐的作用，靠坐在里侧最上层，不到5分钟额头就不停地淌下汗水。结束后，泡一下19℃左右的凉水浴池，感受到喉咙深处有凉飕飕的气息。从凉水浴池里出来，瘫坐在旁边的瓷砖长椅上。背靠椅背，闭上眼

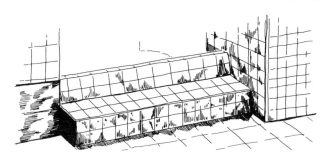

睛，全然放松，身体仿佛融化渗进长椅一般。

两次桑拿后去往露天浴池。露天浴池通风良好，在长椅上享受完外气浴，大脑彻底放空。按桑拿、凉水浴和外气浴的顺序反复体验三次后，接着是碳酸泉。通过盐桑拿或普通桑拿打开的毛孔在气泡的包裹下有种持续跳动的爽快。碳酸泉四周的池壁上挂着《钱汤图解》。老板希望这些画能帮助客人在碳酸泉里充分放松。看到自己的画挂在那里，我不由得有点儿难为情。

出浴后去往二楼的食堂。酒类从生啤到日本酒应有尽有，食物除了下酒菜，还有像麻婆豆腐盖饭这样丰盛的菜品。我立刻点了啤酒来喝。啤酒的泡沫在喉咙里跳跃，最后到达空荡荡的胃里，真是美味！吃着由炸肉排、土豆、内脏和烤牛肉拌成的沙拉，和朋友谈论泡澡的方式，啤酒不停下肚。回过神来已是晚上11点了，我们只好依依不舍地离开萩之汤。在浴池里尽享一番后喝上几杯，身心都焕然一新。若想一次就体验到钱汤的丰富乐趣，还是要来萩之汤。

躺卧浴池。设有隔断，确保空间独立。

黑色温泉（接近41℃）
被称为"美肌之汤"的天然温泉。在月之汤长5.6米、宽25米的巨大浴槽里注满黑色温泉水。

用不同颜色的瓷砖表现出满月悬于海上，水面倒映月光的景象。

很大的圆形灯。可能被用来模拟满月的样子。

户越银座温泉

洗浴盆是户越银座温泉的独家款式。

冲洗处的设计颇为独特。

这面墙的上部是中岛威夫画的富士山。

N

比例尺=1∶66

日光从窗户照射进来，映在黑色瓷砖上。

昌水池

供人休息的台子，也可以用来放置物品。

去往更衣室。

32

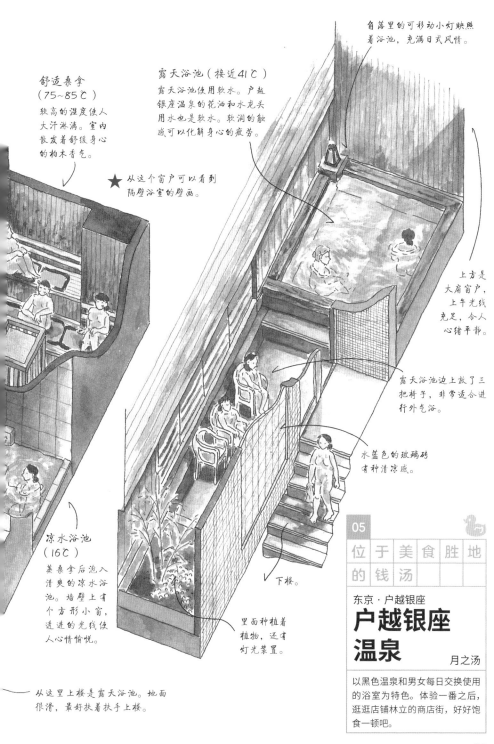

舒适桑拿
（75~85℃）
较高的湿度使人
大汗淋漓。室内
散发着舒缓身心
的柏木香气。

露天浴池（接近41℃）
露天浴池使用软水。户越
银座温泉的花洒和水龙头
用水也是软水。软润的触
感可以化解身心的疲劳。

角落里的可移动小灯映照
着浴池，充满日式风情。

★ 从这个窗户可以看到
隔壁浴室的壁画。

上方是
大扇窗户，
上午光线
充足，令人
心绪平静。

露天浴池边上放了三
把椅子，非常适合进
行外气浴。

水蓝色的玻璃砖
有种清凉感。

凉水浴池
（16℃）
蒸桑拿后泡入
清爽的凉水浴
池。墙壁上有
个方形小窗，
透进的光线使
人心情愉悦。

下楼。

里面种植着
植物，还有
灯光装置。

05
位于美食胜地
的钱汤

东京·户越银座
户越银座
温泉
月之汤

以黑色温泉和男女每日交换使用
的浴室为特色。体验一番之后，
逛逛店铺林立的商店街，好好饱
食一顿吧。

从这里上楼是露天浴池。地面
很滑，最好扶着扶手上楼。

位 于 美 食 胜 地 的 钱 汤

从2016年翻新过的车站出发，走过约1.3千米长的商店街就是户越银座。这里假日人潮涌动，为美食而来的人不胜其数。街头店面贩售着团子、刨冰、烤鸡串和可乐饼等小吃，光看着就很有食欲。此外，户越银座温泉也是这条商店街不可或缺的一大魅力。

户越银座温泉位于户越银座的内街，是一座高楼里的钱汤。它开业于1960年，2007年经建筑师今井健太郎之手设计翻新。为了打造出"不会腻的钱汤"，老板每日在月之汤和日之汤之间更替男女汤。二者氛围完全不同，让人仿佛置身两家不同的钱汤，从而想频频涉足此地。

我去的那天月之汤正好是女场。和新艺术风格的日之汤不同，月之汤以日式为主题风格、从地板到墙壁都统一铺上黑色瓷砖，构成了别致的空间。里侧是天然的黑汤浴池。身体泡在黑色温泉里，水面反射着从大窗透进来的光线，肩膀的压力得到释放，我不禁发出"啊"的一声叹息。楼上的露天浴池采用木

质装潢，能让人暂时忘却城市的喧嚣。把头枕在柏木的浴池边缘仰望天空，有种身处远乡的惬意。

得到充足的放松后，从户越银座温泉出来，肚子也饿得咕咕叫了。正思考着要吃什么，看到两个学生在嚼着麻薯。我便立刻买了一份撒满黄豆粉的麻薯。筋道十足的麻薯的甜味和黄豆粉的滋味在嘴里徘徊，使人幸福感十足。我接着又吃了肉卷饭团、烤鸡串，还在便利店买了罐装啤酒和烤玉米。趁着出浴的爽快，一路吃个不停。

我倍感幸福，又微醺，正打算回去时，看见后藤鱼糕店的关东煮可乐饼。户越银座温泉的老板曾大力推荐过这家店。一个70日元的优惠价格，大小比鹌鹑蛋还大上一圈。松脆的炸面衣包裹着满满的土豆和肉馅，关东煮味道扎实，汤汁四溢，和啤酒搭成绝配。泡澡过后放开大吃，走出商店街时已吃不下晚饭。下次还是要空着腹来这里，充分享受泡澡和边逛边吃的乐趣。

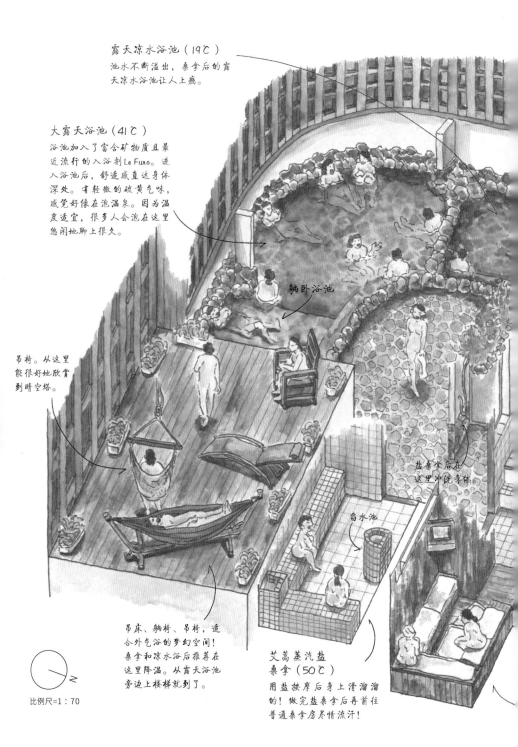

露天凉水浴池（19℃）
池水不断溢出，桑拿后的露天凉水浴池让人上瘾。

大露天浴池（41℃）
浴池加入了富含矿物质且最近流行的入浴剂 Le Furo。进入浴池后，舒适感直达身体深处。有轻微的硫黄气味，感觉好像在泡温泉。因为温度适宜，很多人会泡在这里悠闲地聊上很久。

躺卧浴池

吊椅。从这里能很好地欣赏到晴空塔。

盐桑拿后在这里冲洗身体。

凉水池

吊床、躺椅、吊椅，适合外气浴的梦幻空间！桑拿和凉水浴后推荐在这里降温。从露天浴池旁边上楼梯就到了。

艾蒿蒸汽盐桑拿（50℃）
用盐按摩后身上滑溜溜的！做完盐桑拿后再前往普通桑拿房尽情流汗！

N

比例尺=1：70

温泉浴池（42℃）
大黑汤使用富含硅酸的天然温泉水。柔软的池水让人想一直在里面泡着。

坐式浴池

身体按摩

强力按摩

药浴池
（40℃）
药浴每日一
换。这天是奇
亚籽油药浴。
日程表会预告
一个月内的药
浴安排。

冷藏箱放着
冰块，桑拿
房里老板娘
会拿来教在
脸上降温。

和男汤的隔断上镶嵌
着江户切子玻璃。1

1 江户切子为一种源自江
户（东京）的传统玻璃雕
花工艺。——编者注

凉水浴池
（19℃）

去住更衣室。

温泉步行浴池（37℃）
水深90厘米的步行浴池。
池底一侧嵌着刺激脚底穴
位的石子，踩上去痛得走
不了路……

桑拿（87℃）
桑拿房的设计
别具一格，炉
子在天花板上，
从上往下重烤。

06
露 天 钱 汤 之 王

东京·押上
大黑汤
大露天浴场

蒸汽盐桑拿、宽敞的露天浴池、
木质露台上的吊床……在摇摇
晃晃中遥望晴空塔，体验极致
的享受。

露天钱汤之王

位于押上的大黑汤对露天空间极尽利用，被称为"露天钱汤之王"。这家钱汤创建于1949年，并在2014年进行了翻修，增设了露天浴场。入口处改建得非常华丽，带有大瓦屋顶。这里离晴空塔步行不过10分钟，耸立于房屋间的烟囱与晴空塔两相呼应。

穿过画着可爱的大黑天[1]图案的门帘，就会看到前台和画廊兼接待室。钱汤分为两部分，分别配有露天浴池和碳酸泉，每天轮换男女场。走进大露天浴场的更衣室，由高耸的天花板、白色的墙壁以及木头房梁组成的空间内，并排陈列着储物柜。上了年纪的客人坐在中间的长椅上闲聊，一派庶民市井风景。

浴室内铺设着白色瓷砖，眼前是几排水龙头，再往里是白汤、药浴池和步行浴池。墙上就是钱汤的经典要素——大幅富士山漆画。从左手边的出入口通往露天浴池。露天区域被木质高墙围了起来。大露天浴池、露天凉水浴池和艾蒿蒸汽盐桑拿的房间都沿墙而建。石制的露天浴池加入了最近流行的、富含矿

1　大黑天为日本七福神之一，掌管农业和财富，通常手持米袋、钱箱或手锤。

物质的入浴液 Le Furo。池水温度适中，泡起来非常舒适。枕靠在石头上抬眼望去，烟囱矗立在广阔的蓝天。入浴液和浴池的岩石发生反应，产生淡淡的硫黄香气，让人以为自己来到了异乡的温泉胜地。

　　实际上，大黑汤最大的魅力在于木制露台。蒸过桑拿、泡过露天浴池，身体已然热乎乎的。小心沿着露天浴场旁边的楼梯左转上到木制露台。光线透过格状天花板照射进来，深色木板搭建的平台上置有若干吊床。吊床有两种，一种从天花板上垂下，另一种直接架在地上。我滚进架在地上的吊床里，吊床的布料轻柔地将身体包裹起来。摇啊摇啊，和风轻拂，温暖的阳光照在身上。从格状的天花板望出去，还能看到旁边的晴空塔。一边欣赏着威严的晴空塔，一边摇晃着被阳光笼罩的身体，好不快活。

　　添加了 Le Furo 的宽广露天浴池、木质露台、吊床、晴空塔，将这些元素组合在一起的大黑汤，足以带给人们最极致的露天钱汤体验，是名副其实的"露天钱汤之王"。

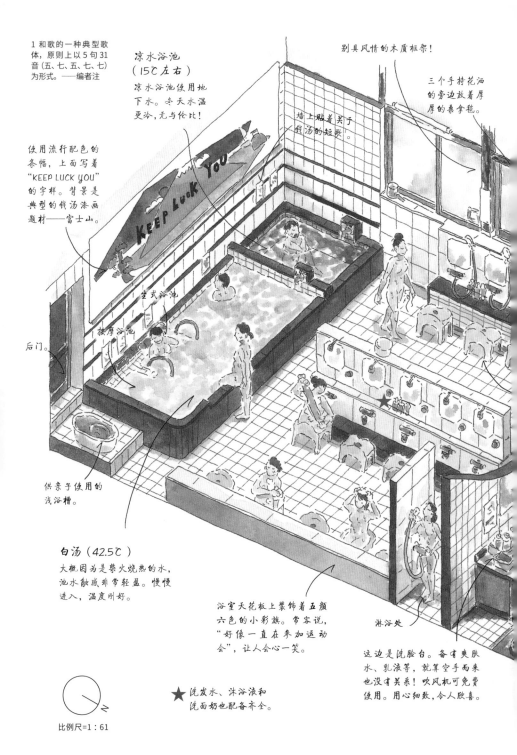

1 和歌的一种典型歌体，原则上以 5 句 31 音（五、七、五、七、七）为形式。——编者注

凉水浴池（15℃左右）
凉水浴池使用地下水。冬天水温更冷，无与伦比！

别具风情的木质框架！

三个手持花洒的旁边放着厚厚的桑拿毯。

墙上贴着关于钱汤的短歌。

使用流行配色的条幅，上面写着"KEEP LUCK YOU"的字样。背景是典型的钱汤漆画题材——富士山。

坐式浴池

按摩浴池

后门。

供亲子使用的浅浴槽。

白汤（42.5℃）
大概因为是柴火烧热的水，池水触感非常轻盈。慢慢进入，温度刚好。

浴室天花板上装饰着五颜六色的小彩旗。常客说，"好像一直在参加运动会"，让人会心一笑。

淋浴处

这边是洗脸台。备有爽肤水、乳液等，就算空手而来也没有关系！吹风机可免费使用。用心细致，令人欣喜。

★洗发水、沐浴液和洗面奶也配备齐全。

比例尺=1：61

40

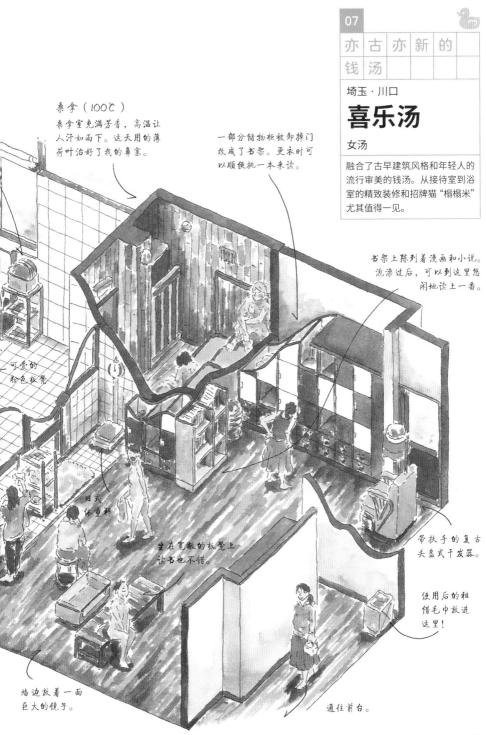

埼玉·川口

喜乐汤

女汤

融合了古早建筑风格和年轻人的流行审美的钱汤。从接待室到浴室的精致装修和招牌猫"榻榻米"尤其值得一见。

桑拿（100℃）
桑拿室充满芳香，高温让人汗如雨下。这天用的薄荷叶治好了我的鼻塞。

一部分储物柜被卸掉门改成了书架。更衣时可以顺便挑一本来读。

书架上陈列着漫画和小说。泡澡过后，可以到这里悠闲地读上一番。

可爱的粉色板凳

旧式体重秤

坐在宽敞的板凳上读书也不错。

带扶手的复古头盔式干发器。

使用后的租借毛巾放进这里！

墙边放着一面巨大的镜子。

通往前台。

41

亦古亦新的钱汤

　　JR川口站出来步行大概12分钟，在邮局的路口拐弯，就能看到细长的烟囱。烟囱下是巨大的瓦屋顶和天窗。入口处垂挂着绘有各种钱汤物件的门帘，门外并列放着天蓝色、黄绿色和橙色等五颜六色的椅子。这个有着高耸烟囱，外观古色古香，又融合了年轻人喜爱的流行文化的钱汤，就是川口市的"喜乐汤"。

　　喜乐汤从1950年代开始营业，1988年装修增设了大堂和桑拿，2012年翻新了浴室和更衣室。2016年开始运营钱汤媒体"东京钱汤 TOKYO SENTO"，同时持续推出各种策划活动和便利用品。

　　进入接待室，前台陈列着租金200日元的无硅洗发水和其他生活用品，甚至还有小鸭子玩具。穿过宽敞的更衣室前往浴室。眼前首先是冲洗处，里侧是白汤和凉水浴池。浴室装修简单，墙上挂着写有"KEEP LUCK YOU"字样的横幅，头顶上方挂着五颜六色的小彩旗。另外，更衣室的一些储物柜被卸掉柜门改成了书架。头盔式干发器上放着小小的仙人掌做点缀，还有各种可爱的

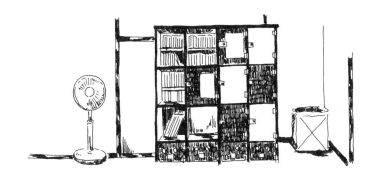

小装饰。整个空间有一种独一无二的乐趣。

　　池水温度适宜，桑拿室飘散着芳香。配合凉水浴池进行交互浴，身心由内而外感到舒适。出浴后，我去接待室的前台买精酿啤酒，刚好看到一只猫舒适地趴在那里。这只名叫榻榻米的猫也是喜乐汤的魅力之一。2016年的秋天，喜乐汤的员工从对面关门的榻榻米店前发现一只小猫，把它命名为"榻榻米"收养了起来。榻榻米现在已经成为店里的招牌猫，有许多客人甚至特意前来看它，我当初也是其中之一。每次来到喜乐汤时，我都会为这里的变化感到兴奋和喜悦。

　　硬件设施虽然没有改变，但软性的体验却一直在变化，这就是喜乐汤的魅力。喝完精酿啤酒，走到店外，我看到一只很像榻榻米的猫，说不定是它的兄弟姐妹。好像被它目送着离开一般，我不禁心生欢喜。榻榻米是那么招人喜爱，不断改变着的喜乐汤也让人期待，不久后，我应该会再次拜访这里吧。

《钱汤图解》的画法

经常有读者问我："《钱汤图解》是怎么画出来的呢？"其实，绘制过程大致可分为四个阶段：采访、打草稿、画线稿、上色。画一张图至少要花二十个小时。

▶▶采访

通过电话或社交平台和店家沟通后，我会在钱汤开店前一个半小时到店里。首先用激光测定仪把整个浴室和浴池等较大的尺寸量好。浴池高度和水龙头等小尺寸就用3米的卷尺测量，测量精度要细致到每块瓷砖的大小。

实物测量过后就是拍摄。包括表现浴池和花洒位置关系的俯拍照片，以及水龙头、水桶一类小物件的整体或特写照片等。拍摄后，我大概会花20分钟来采访店主，询问钱汤的历史和当下的一些经营举措。在这短短的时间里，我不时会感受到店主对钱汤的一腔热忱，自己也会不自觉地变得热血沸腾。采访结束后，我会和其他客人一起进去泡澡。泡澡时，我一边享受着舒适的浴池，一边仔细观察浴室里的氛围和情况，以便之后能将其复现于画纸。我力求真实地还原浴室当天的景象，所以《钱汤图解》大多取材于女汤。

冲洗处等小地方用卷尺测量，尺寸较大的浴室本体等就用激光测定仪。

3米专业卷尺

冲洗处

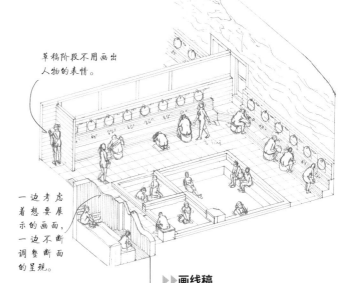

草稿阶段不用画出人物的表情。

▶▶打草稿

有了实测数据且决定比例尺后，我便开始在A4纸上画草稿。我用大学时就开始使用的制图三角板画直线。为了方便后面描摹，我用的是颜色鲜艳、方便修改的可擦笔。绘图时连瓷砖的缝隙也要画出来。为避免线条乱成一团，我会用不同的颜色来区分各种实物，比如人物用的就是红色。

一边考虑着想要展示的画面，一边不断调整断面的呈现。

▶▶画线稿

把草稿和水彩纸叠放在复写台上，用注入防水墨水的绘图笔在水彩纸上描摹。为绘制出平滑的直线，我试过各类不同的笔，后来发现从大学开始使用的绘图笔最为适合。只有像瓷砖缝隙这种细节，我才会用更细的笔描绘。

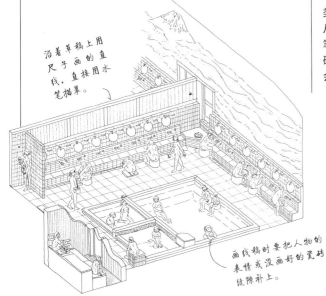

沿着草稿上用尺子画的直线，直接用水笔描摹。

画线稿时要把人物的表情或没画好的瓷砖缝隙补上。

▶▶上色

　　最后我会用透明水彩上色。为忠实再现真实的颜色，要在调色盘上调色好几遍。为了让大家知道浴池的出水处位置，我会特别留意对波纹和按摩浴池处泡泡的处理。上色时最有意思的步骤是画阴影。随着光影关系的再现，建筑的纵深感、氛围和质感也得以体现。

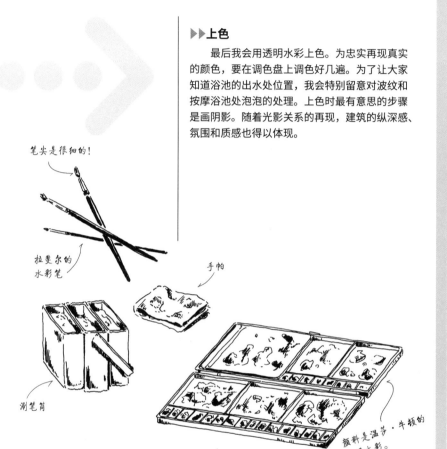

笔尖是很细的！

拉斐尔的
水彩笔

手帕

涮笔筒

颜料是温莎·牛顿的
透明水彩。

　　将画完的画扫描进电脑，用电脑补充上文字就完成了。这便是制作一幅图解的过程，绘制上要注意的点有三个：
　　①正确传达钱汤的模样和信息
　　②让人感觉到建筑物的氛围
　　③插画的美观性
　　身为建筑专业出身的钱汤员工兼插画师，我就是思考着这三点绘制图解的。若多少能让读者感受到其中的魅力，我便觉得无上光荣。

第 2 章
享受钱汤

进阶者阶段

这 7 家钱汤不仅有值得一见的建筑外形和景色，
还提供多种体验方式，
可以满足钱汤进阶者的需求。

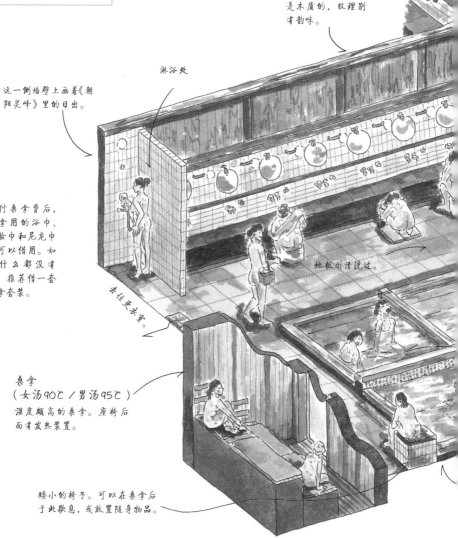

现代钱汤
建筑的杰作

东京·町田

大藏汤

女汤

建筑师今井健太郎经手的郊外钱汤，追求空间和浴池质感，体验舒适，令人沉浸。

"比起简单地在大浴池里注满热水，我更想创造片刻宁静和疗愈空间。"因此没有安装按摩设备。轻柔的流水声给人慰籍。

与男汤隔开的挡板是木质的，纹理别有韵味。

淋浴处

这一侧墙壁上画着《朝阳灵峰》里的日出。

支付桑拿费后，桑拿用的浴巾、洗脸巾和尼龙巾都可以借用。如果什么都没有带，推荐借一套桑拿套装。

地板刚清洗过。

去往浸水室。

桑拿
（女汤90℃／男汤95℃）
湿度颇高的桑拿。座椅后面有发热装置。

矮小的椅子。可以在桑拿后于此歇息，或放置随身物品。

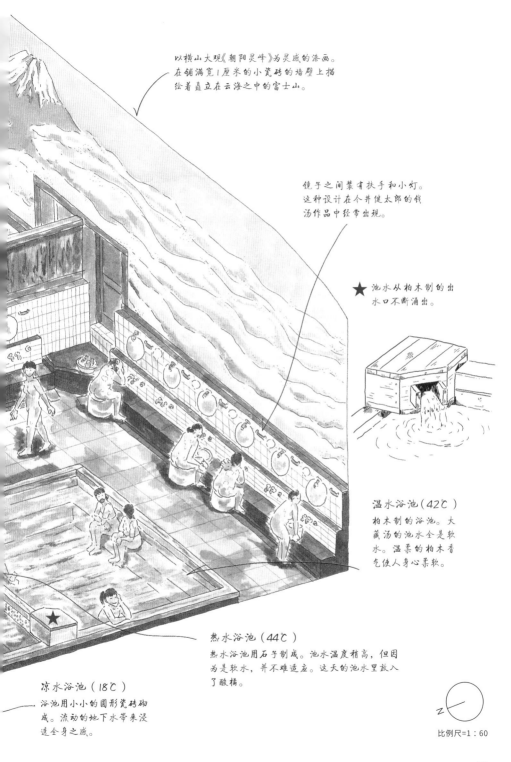

以横山大观《朝阳灵峰》为灵感的漆画。在铺满宽1厘米的小瓷砖的墙壁上描绘着矗立在云海之中的富士山。

镜子之间装有扶手和小灯。这种设计在今井健太郎的钱汤作品中经常出现。

★ 池水从柏木制的出水口不断涌出。

温水浴池（42℃）
柏木制的浴池。大藏汤的池水全是软水。温柔的柏木香气使人身心柔软。

热水浴池（44℃）
热水浴池用石子制成。池水温度稍高，但因为是软水，并不难适应。这天的池水里放入了酸橘。

凉水浴池（18℃）
浴池用小小的圆形瓷砖砌成。流动的地下水带来浸透全身之感。

比例尺=1：60

现代钱汤建筑的杰作

近年来，建筑师今井健太郎主持了许多钱汤的翻新设计工作。位于町田市的大藏汤便是他的作品之一。从町田站出来坐公交车大概15分钟。沿住宅街道步行，就能看到写有"大藏汤桑拿"字样的烟囱。建筑物有着典型的瓦屋顶和别致的山形屋顶。入口处挂着写有"大藏汤"的木板招牌。门上垂挂着朴素的白底门帘，上面用淡墨写着"ゆ"（汤）字。

大藏汤创建于1966年。因为祖辈以前在祖师谷大藏经营钱汤，后搬到町田开了新的钱汤，便根据祖师谷大藏这一地名，起名为"大藏汤"。后因建筑老化严重，便拜托今井先生设计翻新，并于2016年12月重新开业。设计的时候，今井先生问了店主几个问题以把握店主意向，店主也提供了大量参考资料和意见。新的大藏汤最终在此基础上建成了。经过无数次对话沟通，二人决定以提高浴池的空间质感为方针。店主感叹："今井先生为大藏汤竭力奋战了一番。"

更衣室的地板上铺着垫子，赤脚走上去也很舒服。走进浴室，映入眼帘的

便是统一呈金黄色调的漆画。画面上是以横山大观的《朝阳灵峰》为灵感描绘的富士山和云海。光线从格状窗户照入，静静地洒在热水、温水和凉水三种浴池的水面上。在没有安装按摩浴池和电气浴池的纯粹空间里，客人被宁静包裹，心情恬静舒畅。因为使用了软水，池水有种非常温柔的触感。

在宽敞的澡池里泡着，看着水面上随波晃动的光线，身心变得柔软。池水洗涤着身体，头枕在池边观赏着墙上漆画。陶醉感之浓烈，仿佛身体转眼就会消融在池水里。不知道今井先生和店主经过多少回的沟通合作，才打造出这样高质舒适的空间。

出浴后，我在连通着女汤更衣室的露天空间待了一会儿。很多客人三两相伴而来，半透明的玻璃墙上映着温暖的光。轻风拂过脸颊，看着摇曳的植物，内心平静而幸福。卓绝的空间品质令泡完澡后的心情更加愉悦。我再次被处处考究的大藏汤触动了。

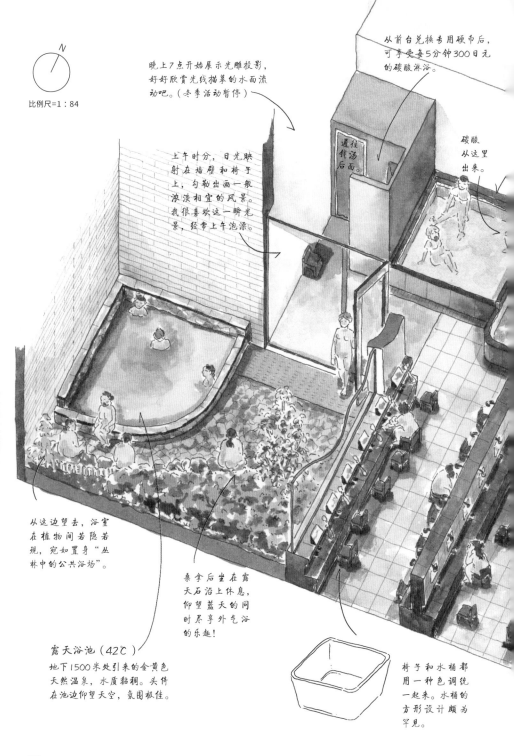

比例尺=1:84

晚上7点开始展示光雕投影，好好欣赏光线描摹的水面流动吧。（冬季活动暂停）

从前台兑换专用硬巾后，可享受每5分钟300日元的碳酸淋浴。

上午时分，日光映射在墙壁和椅子上，勾勒出画一般浓淡相宜的风景。我很喜欢这一瞬光景，经常上午泡澡。

通往钱汤后面。

碳酸从这里出来。

从这边望去，浴室在植物间若隐若现，宛如置身"丛林中的公共浴场"。

桑拿后坐在露天石沿上休息，仰望蓝天的同时尽享外气浴的乐趣！

露天浴池（42℃）
地下1500米处引来的金黄色天然温泉，水质黏稠。头侍在池边仰望天空，氛围极佳。

椅子和水桶都用一种色调统一起来。水桶的方形设计颇为罕见。

52

高浓度碳酸泉（37.8℃）
水温适宜，可悠闲浸泡。店主说用泉水在皮肤上搓出泡沫会让碳酸更好地起作用！

白汤（41.7~41.8℃）
电气浴池，空间宽敞，让人放松。

桑拿边有置物架，可放置用完的洗脸用品。

凉水浴池（16.7℃）
透心凉的水温和较深的浴池，桑拿后可以来这里降温。

电气浴池
弱　强

桑拿
（女汤82~83℃／男汤93℃）
潮湿的空间让人挥汗如雨。

淋浴处，浴热水皆可。

底部淡淡的灯光照着脚丫。

去往更衣室。

入口处和露天浴池旁的地板洗刷一新。

利用大块透明玻璃营造开放式空间。

更衣室和浴室之间是中庭，草木都郁郁葱葱，治愈人心。

09
钱 汤 建 筑
新 潮 流

东京·练马
天然温泉
久松汤　女汤

令人耳目一新的简练空间。抛掉传统钱汤风格、追求纯粹舒适体验的简约设计。

钱 汤 建 筑 新 潮 流

从西武池袋线樱台站出来走到尽头，就可看到被低层建筑包围着的久松汤。白色砖瓦格调的外观，嵌有玻璃门的四方构造。考究的木质前台的左右两侧，垂着绘有水蒸气图案和男女标识的门帘。浴室里是协调统一的黑白色瓷砖，高高的天花板则是菱形格子状，随处都是天窗。清晨阳光照射，甚至有种神圣感。

更衣室出入口旁是庭院，自然景观和浴室毗邻的结构带来森林浴一般的舒适感。除了结构，天花板的一些细节也颇下功夫。面向窗户的冲洗处天花板比较低矮，以保证窗外视线的开阔。为方便落脚，冲洗处台身做成了斜面，不会让人觉得狭窄。这些在其他地方看不到的巧思，让从事过设计工作的我十分兴奋。

洗干净身体后，我终于来到浴池。按摩轻柔而舒适，池水温度适宜，使人心情愉悦。浴室内侧是露天浴池，金黄色的温泉被高高的池壁所包围。池水触

感温润，适宜的水温温暖了全身。赶在快要晕倒之前，我起身靠坐在石沿上休息。天空被围墙切成了四边形。东京的钱汤大都建在人口密集的地方，露天浴池多被围在高墙里。火热的身体感受着凉爽的微风，悠闲看着镶嵌在画框里的蓝天，心情愉悦而充实。

出浴后我便开始采访店主。久松汤开业于1956年，名字源于先人风间久松。一开始是带有烟囱的传统钱汤，建筑老化后，便委托Planet Works建筑事务所进行改造。稍稍扩大了店面规模，挖出了新温泉，并于2014年重新开业。"我想做绝无仅有的新式钱汤，就舍弃了传统钱汤的风格。"第二代老板风间先生说道。采访期间，我感受到了店主对摒弃传统风格、追求舒适空间的热忱，也从他的微笑中体会到一丝浪漫。交谈过后，我更为这简约别致的建筑和协调自洽的氛围深深着迷。

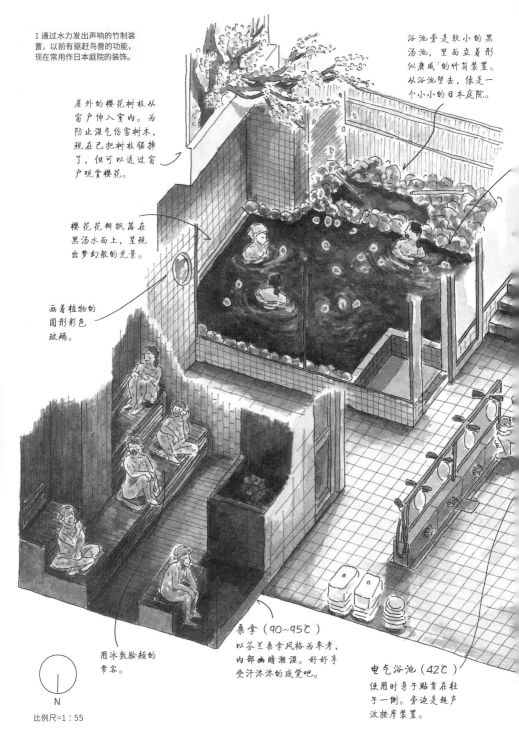

1 通过水力发出声响的竹制装置，以前有驱赶鸟兽的功能，现在常用作日本庭院的装饰。

浴池旁是较小的黑汤池，里面立着形似鹿威¹的竹筒装置。从浴池望去，像是一个小小的日本庭院。

屋外的樱花树枝从窗户伸入室内。为防止湿气伤害树木，现在已把树枝锯掉了，但可以透过窗户观赏樱花。

樱花花瓣飘落在黑汤水面上，呈现出梦幻般的光景。

画着植物的圆形彩色玻璃。

桑拿（90~95℃）
以芬兰桑拿风格为参考，内部幽暗潮湿。好好享受汗淋淋的感觉吧。

用冰敷脸颊的常客。

电气浴池（42℃）
使用时身子贴靠在柱子一侧。旁边是超声波按摩装置。

N

比例尺=1∶55

56

纯养褐层泉（41℃）
古代植物在地下腐烂、沉淀、积着而成的"黑汤"温泉。质感黏稠，美容保湿效果卓群。

凉水浴池（15~20℃）
菜有冷却设备，水温较低。浴池形状狭长，走到尽头时身体得以充分冷却。

出入口有台阶，在浅浅的池水里再冷一冷双脚。

10

在春天去的钱汤

东京·蒲田

樱馆

贰之汤

于温泉静享春光，于二楼观赏樱花。满足优雅与热闹的双重感官趣味。

白汤
（41.5℃）
配有喷射按摩和超声波按摩功能的宽敞浴池。

入口处有手持花洒。可用来在入浴前后冲刷双脚，或冲净周围地面。

水龙头竟然有五个，客人再多也够用。

若往更衣室。

紫色隔板嵌着圆镜。壹之汤为白色隔板，水龙头周围采用红色瓷砖。

在 春 天 去 的 钱 汤

要说在樱花时节想去的钱汤，那就要数东急池上线池上站的樱馆了。与樱馆的名字呼应，建筑门前长着一棵高大的樱花树。玄关为传统日式旅馆风格，别具一格，让人神迷。入口处的绿色墙壁上写着素雅的"樱馆"二字。樱花树下，衣着讲究的老奶奶坐在板凳上等待开店。独具风情的景致，让人仿佛置身21世纪的东京大田区之外。

樱馆的浴场分为壹之汤和贰之汤两部分，每半月互换男汤和女汤。壹之汤有三层，二楼是蒸汽桑拿，三楼为室外空间，可以享受露天温泉。热到让人窒息的蒸汽桑拿和露天浴池的外气浴都是不错的体验。但在这个季节，还是更推荐贰之汤。幸运的是，今天贰之汤挂着女汤门帘。进浴场后，我便往拐角的温泉走去。

樱馆里喷涌的"纯养褐层泉"呈黑褐色，有"黑汤"之称。虽然在大田区黑汤并不少见，但樱馆的黑汤浓度更高，水面2厘米以下什么都看不见。脚尖

确认着台阶慢慢步入浴池，背靠着岩石池边坐下。在舒适的温度中放松身体，一声叹息后抬头看向天花板。透过一扇稍高的窗子，盛开的樱花粉云笼罩。阵阵凉风从窗户吹进，伸进室内的樱花枝条随风摇摆，花瓣随风零落在黑色的浴池里，真是如梦似幻的光景。微风声、盆桶声、流水声萦绕耳畔，一边泡澡一边赏花的时光十分美妙。宛如身处远方奇景，内心清澈而充盈。

　　体验过风雅的温泉赏樱后，我去往二楼食堂。前面并排一列旧式游戏街机，里面则是铺席的宴会厅。这里的氛围不同于玄关，充满庶民风情，白天便有唱卡拉OK和喝酒玩乐的人。春天打开宴会厅的磨砂玻璃窗，可以观赏盛开的樱花树。窗边赏樱饮酒，纵情唱歌，气氛和樱花季的公园聚会并无二样。我也在出浴后喝着小酒，参与到热闹的赏樱活动中。待醉意消去，要再来一次优雅的温泉赏樱，我这样打算着，喝掉了杯里最后一口酒。

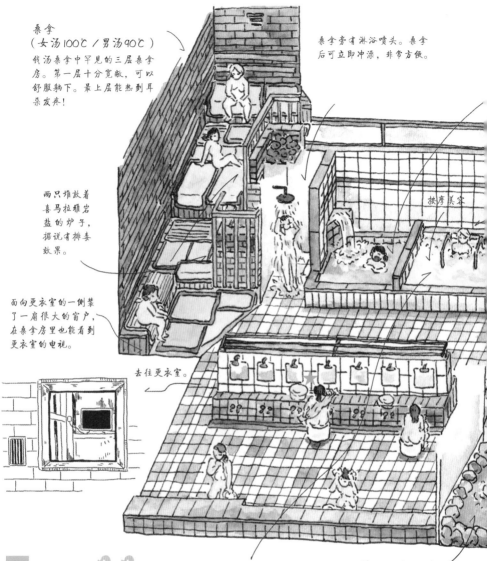

桑拿
（女汤100℃／男汤90℃）
钱汤桑拿中罕见的三层桑拿房。第一层十分宽敞，可以舒服躺下。最上层能热到耳朵发疼！

桑拿旁有淋浴喷头。桑拿后可立即冲澡，非常方便。

按摩美容

两只堆放着喜马拉雅岩盐的炉子，据说有排毒效果。

面向更衣室的一侧装了一扇很大的窗户，在桑拿房里也能看到更衣室的电视。

去往更衣室。

白汤（43℃）
汤丼荣汤使用天然温泉水，柔滑得仿佛可以渗进皮肤。

药浴池（41℃）
药浴加入了汉方宝寿汤，香气独特，抚慰人心。

11

奢华的钱汤

东京·浅草

天然温泉
汤丼荣汤 女汤

露天壶汤、精油按摩、异常宽敞的女桑拿房……一般钱汤做不到的事，这里都可以做到。

★ 洗发水、沐浴露配备齐全。

在两张长椅上伸展双腿，尽情享受外气浴。

凉水浴池（18℃）
凉水从高处注入浴池。
潺潺水声驱除杂念，可
以沉心冥想。

★ 微波按摩。被细腻泡沫包围
的感觉让人欲罢不能！

比例尺=1：85

这面墙的
上方绘有
田中美月
的漆画。

隔壁停车场被收购
改建为露天浴室，
舒适的日式空间让
人心绪平静。

大露天浴池（42℃）
纳米泡沫浴池，白色池水
有极其细微的泡沫。

躺卧浴池

电气浴池

壶汤之上的大屋顶。

这两处壶汤又
被称为"井汤"。
一下子坐进去，
溢出的水落入露
天浴池，发出
"哗"的声响。"井
汤"的名字正出
自人们对这一声
响的喜爱。池水
细腻润滑，易于
浸泡。落水声极
为悦耳！

"哗"

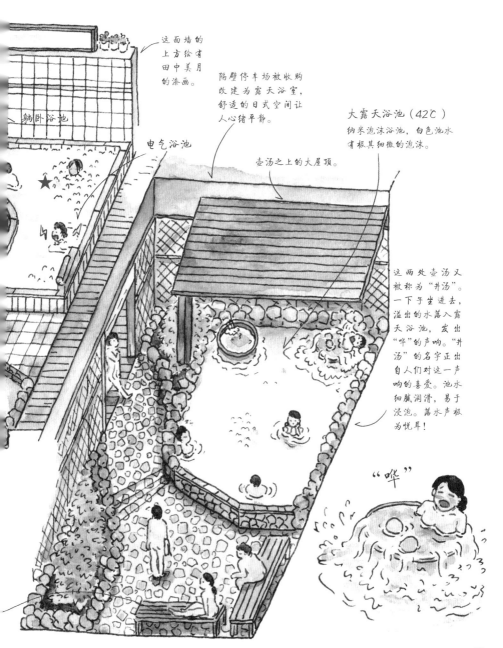

奢华的钱汤

　　汤井荣汤是一家"无所不能"的奢华钱汤，其位置距东京地铁日比谷线三轮站大概1公里。穿过蔬菜店、肉店和酒屋林立的庶民区街道，能看到一栋高楼钱汤，那就是汤井荣汤。1945年，荣汤在战争刚结束时开业，之后经过数次翻新，2017年5月以"汤井荣汤"的新名重新开业。经营者希望"浴池种类可以如盖饭般丰富"，便取了这个名字。[1]

　　浴场设有凉水浴池、白汤、药浴池等，翻新时增设了有"纳米泡沫温泉"之称的露天浴池，值得一提的是该浴池里的两处壶汤。小心翼翼地坐进壶汤，池水一下溢出，发出落入泡沫温泉的响声。让池水溢入其他的浴池的行为，给人带来微妙的负罪感与快感。

　　荣汤的奢侈不止于此。女汤桑拿房比一般的桑拿房要大很多。除了宽敞到可以躺下的三层座椅，还有两台堆满喜马拉雅岩盐、闪着红光的桑拿炉。翻新

1　"丼"这一汉字在日语中有"盖浇饭"的意思。——编者注

时，男汤桑拿房被改建在露天场所，原来的男女桑拿房被合并成现在的女汤桑拿房。尽情流汗后泡入凉水浴池，流水如瀑布般注入。再坐在露天浴池旁的长椅休息，简直惬意至极。

　　如此奢侈的体验在钱汤中已颇为少见，而且二楼还提供按摩服务。我预约了芳香精油按摩。上了二楼，一位仪表清爽的姐姐在等我。换上纸短裤，翻过身来趴着，姐姐把精油涂在我身上开始按摩。出浴后的松弛身体变得更加柔软。我一边和姐姐交谈，一边享受按摩，一个小时就这样过去了。身体每一寸都变得轻盈，颈部压力得以舒缓。换衣服时触碰到皮肤，光滑又有弹性的触感让人难以置信。大概是因为出浴后皮肤变干燥，精油被很好地吸收了。想不到自己的皮肤能变这么好，我对此心满意足。回家路上，我还在连连感叹"真是奢侈啊"。吹着柔和的夜风，幸福感涌冒而出。若想褒奖一下辛勤工作后的自己，这样的钱汤再合适不过。

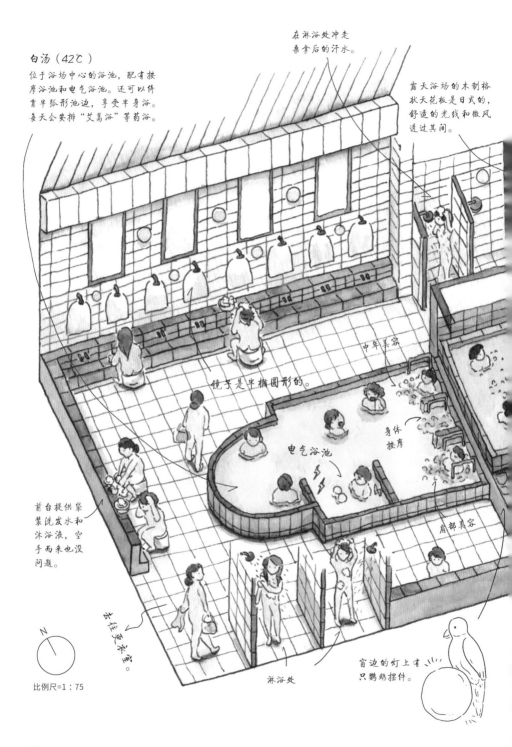

白汤（42℃）

位于浴场中心的浴池，配有按摩浴池和电气浴池。还可以倚靠半弧形池边，享受半身浴。夏天会安排"艾蒿浴"等药浴。

在淋浴处冲走桑拿后的汗水。

露天浴场的木制格状天花板是日式的，舒适的光线和微风透过其间。

中年美容

镜子是半椭圆形的。

身体按摩

电气浴池

前台提供袋装洗发水和沐浴液，空手而来也没问题。

肩部美容

去往更衣室。

N

窗边的灯上有只鹦鹉摆件。

比例尺=1：75

淋浴处

64

桑拿（90℃）
非常潮湿的桑拿，
汗水止不住地流。

享受过桑拿和凉水浴池后
静坐在这里，感受天花板
外透来的日光和微风。

饮水处

露天凉水浴池
（17℃）
凉水浴池配有按
摩功能，宽敞得
可以伸直双腿。

高浓度碳酸泉
（39℃）
适合跑完步后泡的
碳酸泉。可以在半
圆形浴池里边泡边
聊天。

壶汤（43℃）
每周三和周五会用2吨
级卡车从总店"竹之汤"
运来麻布黑美水，可以
一人纵享黑汤之乐。

12
让人想去远足
的钱汤

东京·成田东

汤家和心
吉之汤　女汤

毗邻绿意盎然的公园，在现代日
式露天空间，身心浸没在自然之
中。周末远足时推荐一去的城市
绿洲。

让人想去远足的钱汤

杉并区和田堀公园沿善福寺川而建，绿化地带广阔。除运动设施外，还有烧烤场、食堂、钓鱼场等。草木环绕，适合跑步。春天樱花盛开时，还是热门的赏樱地点。周末在这里休闲游览一番后，可以来到"汤家和心吉之汤"。

搭乘JR从高圆寺站出发，坐上永福町站方向的公交车，车程大概10分钟。吉之汤位于娴静的住宅区，于十年前得到翻新，是以黑汤著名的"麻布黑美水温泉竹之汤"的姐妹店。浴池设置在浴场中心，这一设计常见于关西，在东京比较罕见。据说这里以一周为周期，每天安排不同的药浴，今天是艾蒿浴池，浴场里充满艾蒿的香气。

往浴场深处走去就是露天浴池。露天浴池在翻新时采用现代日式风格，装有木格栅天花板。露天浴场的地面铺着石板，墙壁也是石制的，里侧还设计有一个小庭院，散发着纯粹闲静的日式风情。这里有宽敞的半弧形碳酸泉、露天

凉水浴池和两处壶汤，还设有桑拿房。桑拿饱含湿度，凉水浴池水温冰凉，碳酸泉的泡沫体感舒适，体验一番后，坐在庭院前的椅子上休息片刻。光线透过格状天花板照射到浴室，和风吹拂身体，心情随之平静，仿佛在和田堀公园的自然中享受了一次爽快的森林浴。

壶汤是用2吨量级卡车从竹之汤运过来的黑汤，只在每周三和周六供应。将肩膀以下的身体泡进壶汤，黑汤随之溢出。头靠在边缘欣赏庭院里的草木，有置身大自然之感。

出浴后回到大厅。吉之汤供应生啤，点单后还贴心地附送下酒菜。在露天空间享受一番后喝到的啤酒格外美味。大厅角落处有按摩服务，在这里消除日积月累的疲惫再好不过了。这里和市中心有一定距离，是适合趁周末远足时来的都内绿洲。

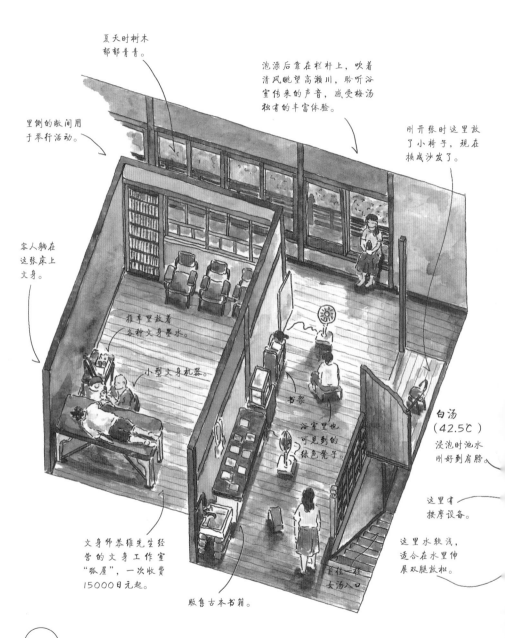

夏天时树木都郁郁青青。

泡澡后靠在栏杆上，吹着清风眺望高瀬川，聆听浴室传来的声音，感受梅汤独有的丰富体验。

刚开张时这里放了小椅子，现在换成沙发了。

里侧的敞间用于举行活动。

客人躺在这张床上文身。

推车里放着各种文身墨水。

小型文身机器。

书架

浴室里也可见到的绿色凳子。

白汤（42.5℃）
浸泡时池水刚好到肩膀。

这里有按摩设备。

这里水较浅，适合在水里伸展双腿放松。

文身师恭维先生经营的文身工作室"狐屋"，一次收费15000日元起。

贩售古本书籍。

前往一楼女汤入口。

电气浴池（41.5℃）
配有可以循环按压、揉搓、敲击的"揉兵卫"设备。灯上贴有闪电标志。

比例尺=1：70

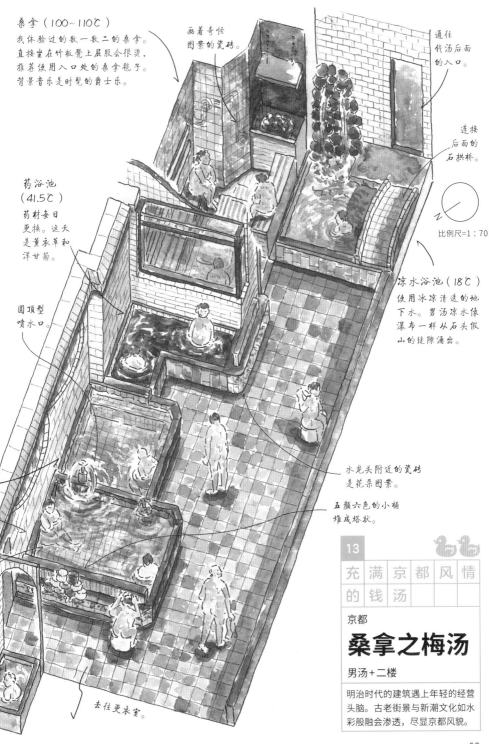

桑拿（100~110℃）
我体验过的数一数二的桑拿。
直接坐在竹板凳上屁股会很烫，
推荐使用入口处的桑拿毯子。
背景音乐是时髦的爵士乐。

画着奇怪
图案的瓷砖。

通往
钱汤后面
的入口。

连接
后面的
石拱桥。

药浴池
（41.5℃）
药材每日
更换。这天
是薰衣草和
洋甘菊。

比例尺=1：70

圆顶型
喷水口。

凉水浴池（18℃）
使用冰凉清透的地
下水。男汤凉水像
瀑布一样从石头假
山的缝隙涌出。

水龙头附近的瓷砖
是花朵图案。

五颜六色的小桶
堆成塔状。

去往更衣室。

13
充满京都风情
的钱汤

京都
桑拿之梅汤

男汤＋二楼

明治时代的建筑遇上年轻的经营
头脑。古老街景与新潮文化如水
彩般融会渗透，尽显京都风貌。

充满京都风情的钱汤

京都往往给人一种"新旧融合"的印象。在上日本建筑课时，我没少来京都。京都的街上既有韵味十足的佛寺神社，又有新潮时尚的咖啡厅和旅店。在历史悠久的京都古城，新的文化仿佛水彩一般晕染开来。而桑拿之梅汤正把京都这种新旧交叠的特点浓缩在一处。

梅汤开业于明治时代的京都五条乐园，门前是缓慢流淌的高濑川，两层高的房子上挂着"桑拿之梅汤"的霓虹灯牌子，非常有特色。现在，梅汤由28岁（受访时年龄，下同，后文不再标注）的凑三次郎先生经营。他在大学时代领略到钱汤的魅力，在游览各家钱汤时，了解到很多钱汤濒临倒闭，后于2015年接手梅汤的经营。为改变钱汤不断消失的现状，他把梅汤当作经营的实验所，尝试各种适用于其他钱汤的改革。比如在浴场举行演出，打造梅汤的钱汤品牌，新的文化由此得以在明治时期的建筑里蓬勃发展。

梅汤随处散发着一种独特的氛围。玄关处的棕红色泥墙虽然还是原样，却

贴着各种电影和人气插图师的海报，一旁摆放着与钱汤相关的时尚物件和旧书。不同于关东地区，这里的浴室贴有色彩缤纷的瓷砖，还装有附带广告的旧式镜子。这些广告实际上是最近的，上面的标识设计别具匠心。

在如此有"京都味"的钱汤里，我畅享热气腾腾的桑拿和凉水浴池。出浴时，我瞥见通往二楼的指引。开放于2018年夏天的二楼引入了许多新颖设计，比如一直开放的休息室及活动场所，还有熟客开设的文身店。休息室的木框窗户一直开着，身子倚靠在窗旁栏杆上，夏夜的风带着热度吹动树木，耳边传来高濑川的潺潺流水声和浴室的水桶撞击声。眼前是高濑川的石桥，前来梅汤的学生正从桥上骑车而过。望着这风景，在凉水浴池里放松过的身体感到沁入骨髓般的酥软，这也是梅汤带给我的一种"京都味"。在梅汤的浴池里好好浸泡一番后，浑身享受着出浴的爽快，我仿佛要与夜晚融为一体了。

三重·伊贺

昭和复古温泉一乃汤 女汤

浴室兼具昭和的复古风貌和多彩的流行趣味，别有魅力。一众钱汤迷大力推荐的一乃汤，喜欢钱汤的话尤其值得一试。

1 日本的一种药浴剂，呈红褐色粉末状，主要有效成分是川芎。

药浴池（42℃）

根据季节不同，所放的入浴剂也不同。寒冷季节用的是"温浴素Jikkou"。温润的感觉泡着很舒服。

热水从这里涌出。

描绘着富士山和大海的漆画。

一乃汤浴场的瓷砖种类特别丰富。仔细看围栏侧面的瓷砖，会发现上面有动物和蔷薇图案。

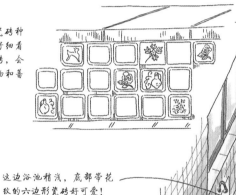

这边浴池稍浅，底部带花纹的六边形瓷砖好可爱！

通往更衣室的门太好看了！像新艺术派的工艺品一样迷人。

淋浴处

后面有小型洗脸台，桶和小凳子叠放在这里。

去往更衣室。

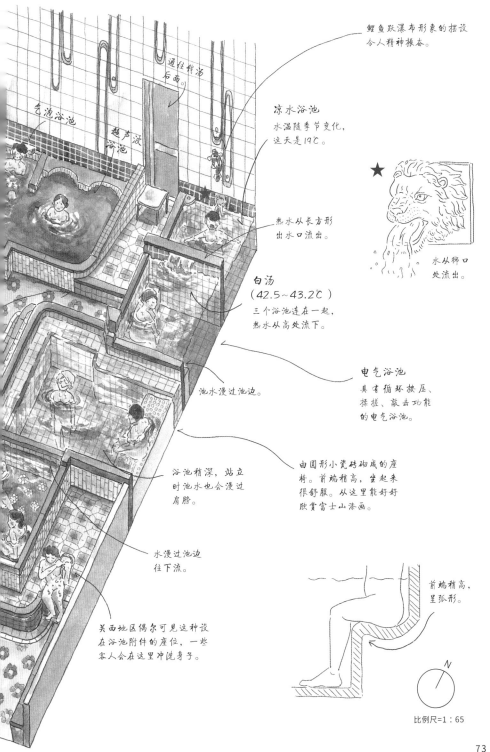

气泡浴池

超声波浴池

通往软汤后面。

鲤鱼跃瀑布形象的摆设令人精神振奋。

凉水浴池
水温随季节变化，
这天是19℃。

热水从长方形出水口流出。

★

水从狮口处流出。

白汤
（42.5～43.2℃）
三个浴池连在一起，
热水从高处流下。

电气浴池
具有循环挤压、
揉搓、敲击功能
的电气浴池。

池水漫过池边。

由圆形小瓷砖砌成的座
椅。前端稍高，坐起来
很舒服。从这里能好好
欣赏富士山漆画。

浴池稍深，站立
时池水也会漫过
肩膀。

水漫过池边
往下流。

关西地区偶尔可见这种设
在浴池附件的座位，一些
客人会在这里冲洗身子。

前端稍高，
呈弧形。

N

比例尺=1：65

73

钱 | 汤 | 迷 | 向 | 往 | 的 | 钱 | 汤

　　要说值得推荐给钱汤迷们的钱汤，许多人会列举不止一个，其中常被提及的就是三重县伊贺市的一乃汤。乘坐伊贺线列车到茅町站，顺着写有"距一乃汤268步"的指示牌走，就会看到闪着粉色灯光的"一乃汤"招牌。挂着霓虹灯牌的石柱门后，是瓦屋顶的木制钱汤建筑。复古风情的钱汤和现代艺术气息的招牌，两者交叠的光景让我难掩兴奋。寻找好看的角度拍了许多照片后，我兴致勃勃地穿过巨大的门帘走进店里。

　　一进去就是前台，前面是男女分开的更衣室。像以前的钱汤一样，更衣室地板上铺着席子，墙上贴着昭和风格的海报，家具也是近代格调，背景音乐则是昭和歌谣——完全一派复古的世界。前台售有一乃汤特制的擦手巾、木屐、无添加肥皂，甚至还有小饼干和意式冰激凌，种种细节令人感动。抑制住沉浸在更衣室的心情，我直接前往浴场。

　东京的钱汤一般把浴池放在里侧，一乃汤则沿着男女浴场间的隔断墙配置了好几个浴池。浴室里面使用了五颜六色的时尚瓷砖，还挂着鲤鱼跃瀑布形象的装饰品，氛围惹人喜爱。我开心地尝试着深水浴池和可以坐着伸腿的浅水浴池。靠坐在最深、最大的浴池的阶梯上，眼前就是富士山漆画。这幅画就是为了这个位置而画的吧，我产生一种坐在特别席位上的优越感。

　泡完澡后，我找到了和店主中森先生谈话的机会。中森先生令我印象最深的一句话是"快乐很重要"。一乃汤贯彻到每个细节的格调、前台的小物品、车库里举办的庆祝活动，都不是为了增加客人而设置的。中森先生看重的只是快乐，因为他这颗爱玩的心，很多钱汤迷都爱上了一乃汤。虽说在三重县内，乘坐列车前往像隐蔽山村一样的伊贺市并不那么方便，但我还是想多来几次。一乃汤就是这样一家让钱汤迷魂牵梦绕的魅力钱汤。

交互浴
和
桑拿攻略

把钱汤作为兴趣爱好、身体力行地去过多家钱汤之后，是时候总结一些体验钱汤的方法了。现在就来说说交互浴。

交互浴就是交替浸泡热水和凉水浴池的入浴方法。在热水浴池里得到扩张的血管会在凉水浴池里收缩，来回几次后，血管会像水泵一样，把血液输向身体各处。血液循环得到促进后，疲劳感随之减轻，僵硬的肩膀也得到舒缓，但最显著的效果还是压力的缓解。停职在家的时候，我一度郁郁寡欢。尝试了交互浴后，我倦怠的身体惊人地变轻盈了，仿佛坠着重物的胸口也松开了。尝试几次后，抑郁的情绪减少，心态慢慢变得积极，我由此对钱汤越发狂热。如果去钱汤的话，请大家一定要试一次交互浴看看。

虽是这么说，害怕进入凉水浴池的朋友应该不在少数。确实，第一次尝试很需要勇气。届时，可以先泡热水让身体热起来，之后用凉水沾湿手脚。只靠这一下，便足以使身体冷却，感受到效果后，再看是否想进一步尝试。

稍稍习惯交互浴后，在热水浴池先把身体泡暖，再按照自己的喜好泡凉水浴池，最后可以试试温水浴池，或直接在椅子上休息。凉水浴池里得以收缩的血管，在温水浴池里慢慢扩张的感觉舒服极了。进行交互浴时，

一开始
可以只浸泡
手脚。

※有心脏疾病、高血压、身体不适的人群不要轻易尝试。了解自己的身体情况，不要勉强自己，按照自己的节奏来就好。

凉水浴池
根据自己的心情决定浸泡时长。(注意不能泡得过久！)

来回
2至4次

交互浴

热水浴池
泡着让身体慢慢暖起来。

只在热水和凉水浴池往返的人也很多，这种方式的交互浴是最畅快的，请一定要试试。根据这个顺序做2至4次，应该就能感觉到身体的一些变化了。不过，交互浴很容易对身体造成负担，身体不适或有心脏方面疾病的人群还是不要轻易体验，在充分考虑当日身体状况以后，再慢慢进行尝试。

充分感受交互浴的效果以后，可以体验一下桑拿。桑拿与交互浴的原理一样，先在桑拿房里让身体充分热起来，再泡进凉水浴池，最后出浴休息(推荐在露天场所进行外气浴)，来回做2至4次。这一过程的时长没有限定，我会待额头的汗流到下巴时，从桑拿房出来，再到凉水浴池里泡到喉咙深处感到凉气为止。每人都有自己舒服的入浴方法，可以尽情探索属于自己的独特方式。根据设施不同，各处桑拿房的样子也大不相同，体验方式丰富多样，有温度高到惊人的，也有温热但湿度很高的，甚至还有往烧热的石头上浇水产生水蒸气的Löyly[1]和用毛巾传递热风的Aufguss[2]。

　　了解交互浴和桑拿后，待在钱汤里的时间会变长。体验过这种快乐后，对钱汤的感情会随之加深。但交互浴不过是体验钱汤的一种方式而已，希望大家能按自己的节奏，发掘出更多享受钱汤的方法。

1 一种从芬兰传入的传统桑拿方式，靠把水浇在烧热的石头上产生水蒸气。
2 指一种用毛巾来回挥动产生热风的桑拿方式。

Löyly

往烧热的石头上浇水产生水蒸气。
室内温度上升，汗流个不停！

水（有时也会滴入精油）。

桑拿炉子里
烧热的石头。

热浪。

桑拿帽子。

毛巾。

Aufguss

在桑拿房里挥动毛巾，让热浪扑向入浴者。源于德国！

第 3 章
穷尽钱汤

狂热者阶段

穷尽钱汤之道。
全部体验后你就是钱汤狂热者！
5 家让人眼花缭乱的钱汤。

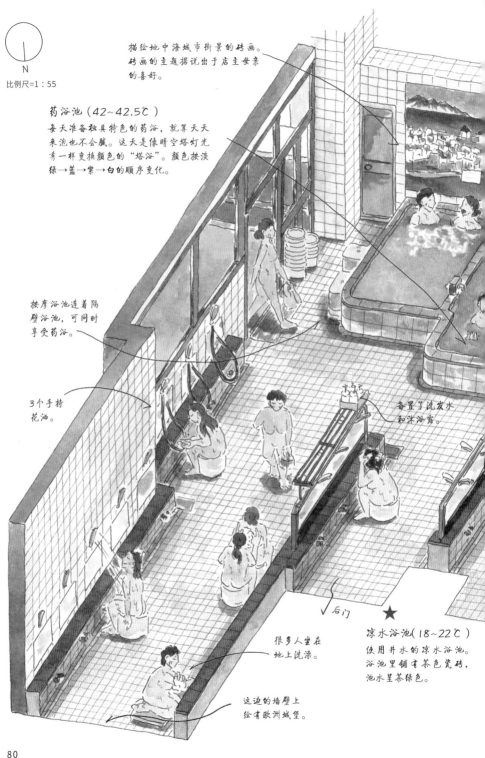

N

比例尺=1：55

描绘地中海城市街景的砖画。
砖画的主题据说出于店主母亲
的喜好。

药浴池（42~42.5℃）
每天准备独具特色的药浴，就算天天
来泡也不会腻。这天是像晴空塔灯光
秀一样变换颜色的"塔浴"。颜色按淡
绿→蓝→紫→白的顺序变化。

按摩浴池连着隔
壁浴池，可同时
享受药浴。

3个手持
花洒。

备置了洗发水
和沐浴露。

很多人坐在
地上洗澡。

后门

★

凉水浴池（18~22℃）
使用井水的凉水浴池。
浴池里铺有茶色瓷砖，
池水呈茶绿色。

这边的墙壁上
绘有欧洲城堡。

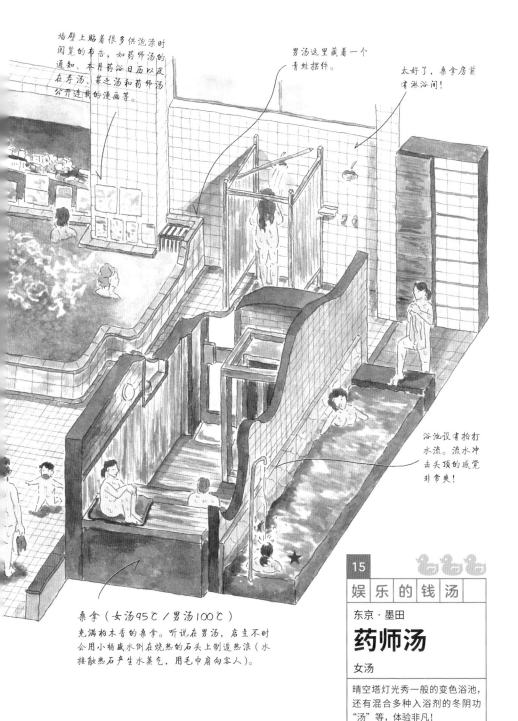

墙壁上贴着很多供泡澡时阅览的布告，如药师汤的通知、本月药浴日历以及在寿汤、菜之汤和药师汤公开连载的漫画等。

男汤这里藏着一个青蛙摆件。

太好了，桑拿房前有淋浴间！

浴池设有拍打水流。流水冲击头顶的感觉非常爽！

桑拿（女汤95℃／男汤100℃）
充满柏木香的桑拿。听说在男汤，店主不时会用小桶蘸水倒在烧热的石头上制造热浪（水接触热石产生水蒸气，用毛巾朝肩向客人）。

15

娱乐的钱汤

东京·墨田

药师汤

女汤

晴空塔灯光秀一般的变色浴池，还有混合多种入浴剂的冬阴功"汤"等，体验非凡！

娱 乐 的 钱 汤

　　绘制《钱汤图解》的过程中，我开始想去表现一些独特的池水颜色。钱汤图解是用透明水彩上色的，水彩特有的晕染效果对表现浴池里流动的池水十分适合。我想要利用好这一特质，脑海便浮现出押上的药师汤。从东武伊势崎线的东京晴空塔站出来步行2分钟就可以到达这里。晴空塔近在眼前，以至于如果不把头抬到极限，就看不到全貌。

　　推开画有富士山的推拉门，有幸看到营业前的浴池。等了几分钟，纯蓝色的热水不断从出水口流出，淡绿色的浴池瞬间被清爽的蓝色浸染。我兴奋地拍起照片。店主撇下一句"下一个开始喽"，就消失了。正激动地期待着接下来会发生什么时，深紫色的池水涌出，温润地浸染了整个浴池，纯蓝色的池水渐变到沉静的紫色。又过了几分钟，白色的池水流入，浅紫色又渐变成白色。

　　这个可以层层变色的药浴名为"塔浴"，其原理是把三种类型的入浴剂按时间差前后过滤，以再现出晴空塔的多彩灯光秀。药师汤还准备了其他独特药

浴，如南瓜"汤"、博若莱红酒浴等。其中最特别的要数冬阴功"汤"，用椰子、牛奶、辣椒、生姜、生柠檬草和生芫荽（香菜）等多种入浴剂混合而成，是突破药浴概念的新尝试。

除此以外，爱好摔跤的店主以"药师鸦"为名参加摔跤比赛，在桑拿室提供 Löyly 服务，还以棒球队为灵感制作新池水。比起取悦顾客，店主更倾向于追求自己的快乐，这让我印象深刻。

采访结束，我亲身体验了泡澡。有趣的池水、崭新的桑拿室、凉水浴池的拍打水流，都让人身心愉快。浴池的墙壁上贴着本月的药浴日历，个性十足的浴池计划满满当当地写在日历上，想着下次来泡哪种药浴，我不由得兴奋了起来。出浴后和前台店员道别时，我拿到入浴剂作为礼品。"钱汤的尽头是入浴剂！"我就这样笑着离开了。

比例尺=1：50

凉水浴池（18℃左右）
浴池装有冷却装置，两个人浸泡都显得拥挤，小尺寸让人沉静。

桑拿（95℃）
干燥且热气腾腾的免费桑拿，进去后必须裹着浴巾。

坐在冲洗处聊天的人，一派闲和景象。

刚开店就入场，可以迎着从窗外透进来的阳光泡个清爽的晨澡。

在桑拿入口处悠闲休息的人。

浴室虽然简单，但水龙头不少，女汤里就有31个！

通往更衣室。

水龙头上方配备洗发水和沐浴露。

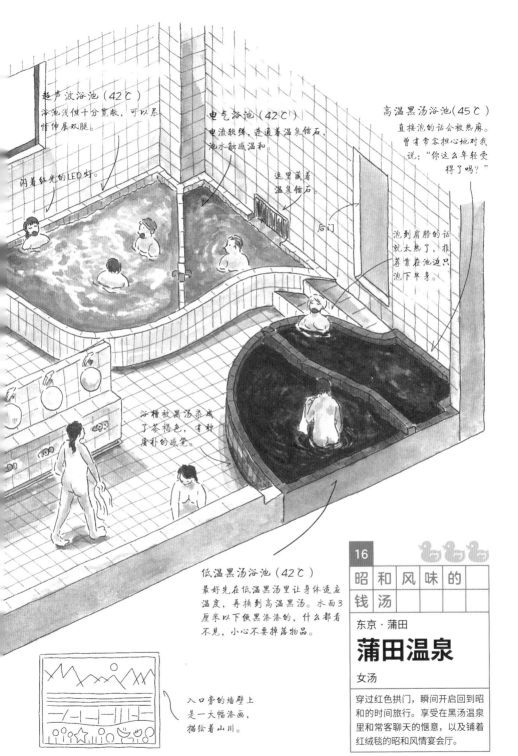

超声波浴池（42℃）
浴池浅但十分宽敞，可以尽情伸展双腿。

电气浴池（42℃）
电流较强，连通着温泉锚石，池水触感温和。

高温黑汤浴池（45℃）
直接泡的话会被热麻。曾有常客担心地对我说："你这么年轻受得了吗？"

闪着红光的LED好。

这里藏着温泉锚石

后门

泡到肩膀的话就太热了，推荐靠在池边只泡下半身。

浴槽被黑汤染成了茶褐色，有种质朴的感觉。

低温黑汤浴池（42℃）
最好先在低温黑汤里让身体适应温度，再换到高温黑汤。水面3厘米以下便黑漆漆的，什么都看不见，小心不要掉落物品。

入口旁的墙壁上是一大幅漆画，描绘着山川。

16

昭 和 风 味 的
钱 汤

东京·蒲田

蒲田温泉

女汤

穿过红色拱门，瞬间开启回到昭和的时间旅行。享受在黑汤温泉里和常客聊天的惬意，以及铺着红绒毯的昭和风情宴会厅。

昭和风味的钱汤

从JR蒲田站下车往南，沿着住宅街行走，小孩正在四周的团地[1]庭院里愉快玩耍，闪着红色灯光的拱门突然出现在眼前。在圆黑体的"蒲田温泉"字样中间，一只狮子笑着招手。看起来是常客的老爷爷坐在入口旁的凳子上，正趁傍晚时分乘凉。进店就是大堂，地板铺着红绒毯。前台的正面放着一个大玻璃柜，里面陈列着毛巾和原创T恤等物品。玻璃砖围就的等待室里，泡完澡的老爷爷歪头用手擦汗。看到这幅充满昭和风情的光景，感觉好像来到了从前的地方温泉街。

从接待处拿过洗浴套装，走进浴场。细长的浴场里，常客们或互相搓背，或坐在冲洗处的凳子上聊天。浴场最里面是超声波浴池和电气浴池，还有两个著名的黑汤浴池。泡进高温黑汤浴池，热乎乎的黏稠池水把皮肤包裹起来，感觉非常舒服。享受过凉水浴池和低湿度的高温桑拿后，我前往二楼。

---

1 团地指日本一种较廉价的密集型住宅区。

　　蒲田温泉的二楼是宴会厅。宽敞的宴会厅也铺着红绒毯，里面摆放着几组细长桌椅，里侧是大舞台。舞台背景绘有樱花树，两边垂着胭脂色幕布，上面配有卡拉OK设备。一位老奶奶正唱着演歌，醉醺醺的老爷爷凝望她的身姿，几位穿着租赁浴衣的人在一旁打盹。想不到还能在21世纪的东京看到这般画面。

　　与友人相聚后，我们把演歌当背景音乐，痛饮生啤。出浴后就着啤酒美美地饱餐一顿，小锅饭、汐炒面[1]都是这里的一绝。喝了会儿酒，我们也想唱上几首，常客们还是紧紧把着麦克风。我们插缝点了歌，按顺序和常客们轮流歌唱，最后竟熟络到大家一起合唱了。夜深了，一日活动也就此结束。在热腾腾的黑汤里和常客聊天，暖着身子在昭和风情的宴会厅里干杯，与常客们相继唱着演歌，最后以大合唱圆满结束。如此情景在当代已难得一见，这就是蒲田温泉的独家乐趣。

---

1 东京大田区的一种特色盐炒面，里面添加有海苔、蛤蜊、梅子、樱花虾等食材。

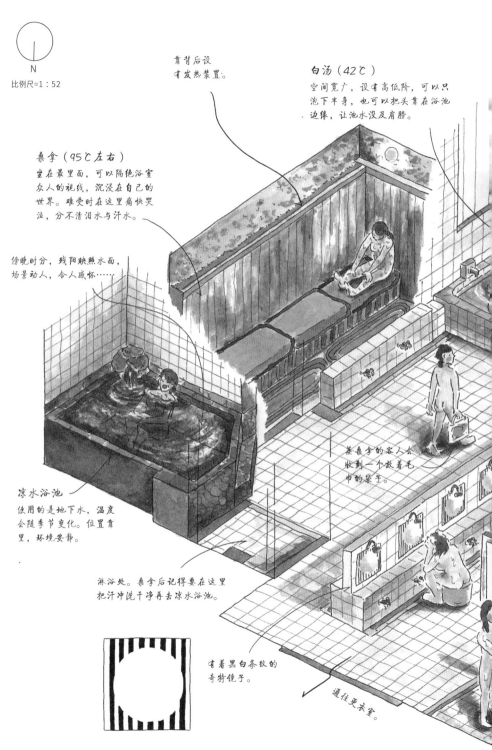

药浴池（41℃左右）
入浴剂每日随机更替，这天是红酒浴池。

20年前改建时有了这幅壁画，但鸟的来历不明。男汤里的鸟是灰白配色。

按摩浴池内设有阶梯，可以坐着享受。

绿色的小凳子圆圆矮矮，款式别样。

正值傍晚时分，从天窗射入的夕阳把冲洗处的影子映得很深。

17

难受时去的钱汤

东京·武藏境

境南浴场

女汤

狭长的桑拿房里放着静谧的钢琴曲，黯淡的心得到治愈。凉水浴池使用的地下水轻柔流淌，抚慰人心。

难受时去的钱汤

难过悲伤之时，我便想去境南浴场。从 JR 武藏境站步行 5 分钟，就会看到住宅中耸立的细长烟囱，玄关挂着"社区钱汤"的招牌。想要独处、身心不适、看到骇人新闻、和朋友吵架、内心疲惫得要哭出来时，我都会去这家钱汤。

这里的营业时间始于下午 4 点。和已在等候的常客一齐走进去后，我把入浴券和桑拿使用费 200 日元递给前台，拿着桑拿储物柜钥匙和装有浴巾的透明防水袋进到更衣室。身心俱疲的时候，连换衣服都觉得麻烦。我迈着沉重的脚步走入浴室，看到浴室深处的墙上画着像凤凰一样的大鸟的壁画。三个浴池并列着，前面是喷头，左手边是桑拿房和凉水浴池。这里上了年纪的客人比较多，浴场有着一种莫名的宁静感。

在喷头前放下凳子，让水流肆意淌过无力的身躯。看着水从头发上滴下，疲惫涌上心头。轻轻洗净身体后，我前往桑拿室。女汤桑拿室结构竖长，座椅只有一层，背后是发热装置。靠坐在被墙壁包围的最里面，两腿伸开，低垂着

头。在无人的桑拿室里，听着细腻的钢琴曲，桑拿的温度慢慢暖和身心，疲惫终于得到释放，眼泪静静地流淌着。桑拿室的空间、声音和温度，让我的内心得到了抚慰。

　　哭过一阵儿后，已分不清楚脸颊上的是汗水还是眼泪，我起身去凉水浴池冲净身体。凉水浴池在更里侧的空间，左右都是墙壁，让人感到安心。在流动着地下水的凉水浴池，凉爽的池水温柔地包围着我。光线从男汤一侧的窗户照射进来，在水面上晃动着，浸染在胸前，我不由得又哭了。从凉水浴池出来，在水龙头前清洗休息的时候，心里残留的沉重感消失了。

　　白汤用的是柴火烧热的地下水，药浴水则每日更替。出浴后，我用喜欢的毛巾擦拭干身体，化着比往常更为明快的妆容走了出去。把毛巾还给前台人员的时候，我不由自主地说了一声"谢谢"。刚来境南浴场时的沉重脚步变轻盈了，我甚至想蹦着走。虽然好像什么问题也没有解决，但心灵已感些许释然。

18

代代木上原的别样世界

东京·代代木上原

大黑汤

男汤

代代木上原的时尚街道里，藏着摆满洗衣机的昭和小巷。宛如另一个世界的钱汤，从中流露出来的人情味，温暖着每个人的身心。

按摩浴池（42~43℃）
坐式按摩浴池被扶手分出三处位置。

大浴池中居然有LED灯！这是前任老板的主意，这里装的是暖色的LED灯，凉水浴池则是冷色调的。

画着阿尔卑斯山区风景的漆画，彩虹特别灵动可爱。

拍打水流从上方管道流出。直击头顶的感觉非常爽。

凉水浴池（20℃左右）
用的是地下水，但因为浴池瓷砖是黑色的，所以池水呈黑色。

凉水浴池
桑拿旁配备凉水浴池。这里居然有两束拍打水流！

因为位置有点高所以装了脚踏板。

这里的浴池边缘比一般浴池要高出不少。

淋浴处。进凉水浴池前一定要把汗冲干净。

桑拿（90~100℃）
光线昏暗，温度很高，属于热得冒烟的硬核派桑拿。

桑拿室入口的朴素字体魅力十足。

	桑拿	凉水浴池	男汤浴室
			更衣室
休息室			前台

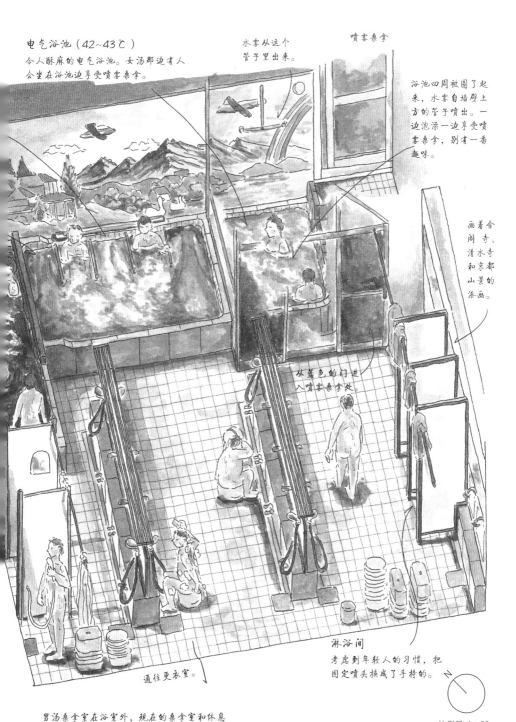

电气浴池（42~43℃）

令人酥麻的电气浴池。女汤那边有人会坐在浴池边享受喷雾桑拿。

水雾从这个管子里出来。

喷雾桑拿

浴池四周被围了起来，水雾自墙壁上方的管子喷出。一边泡澡一边享受喷雾桑拿，别有一番趣味。

画着金阁寺、清水寺和京都山景的漆画。

从蓝色的门进入喷雾桑拿处。

淋浴间

考虑到年轻人的习惯，把固定喷头换成了手持的。

通往更衣室。

男汤桑拿室在浴室外，现在的桑拿室和休息室好像自以前的钓鱼场改建而来。

比例尺=1：55

93

代代木上原的别样世界

从小田急线的代代木上原站出来走几分钟，从咖啡厅和时装店林立的街道拐进狭长巷子，会突然发现一条摆满洗衣机的昭和风情小路。这条细长的小路上方搭着透明的镀锌板顶棚，两边放了好几台洗衣机和烘干机，中间是小小的桌子和板凳。墙壁上贴着几十年前的海报、古旧得发黄的签名纸板，甚至还有拳击比赛门票。道路的尽头挂有写着"ゆ"（汤）字的粉色门帘，这就是大黑汤的入口。

男女汤的出入口是分开的，我从女汤进去。横长的更衣室右边摆着储物柜，左边则是镜子。虽然空间不大，里面却放着头盔型干发器、两台按摩器和健身器材，墙壁上满满地挂着裱框的日本风格插画、海报、签名纸板、装饰品和木偶等，丰富的细节令人目不暇接。

女汤浴室最外侧是冲洗处，内侧是浴池，右手边是桑拿室。浴室深处，用绿色半透明隔断围起来的房间是喷雾桑拿处。在深深的电气浴池里，墙上的管

子不时地喷出水雾，让客人在泡澡的同时可享受桑拿。喷雾桑拿旁边的按摩浴池里装有LED灯，水面上泛着诡异的红光。附近的凉水浴池则设有蓝色的LED灯，从上面管子里时常流下拍打身体的水流。

　　桑拿室不大，有两层座位，布置简朴但热气腾腾，让人大汗淋漓。在我享受着热气时，刚刚坐在第一层聊天的两位女性和我搭话。我们完全没有初见的生疏，从开店后遇到的老人到涩谷的钱汤，聊得非常起劲。和初次见面的人赤裸相对着聊天，这样的特别经历也是钱汤的魅力之一。

　　代代木上原的大黑汤不仅有着丰富的细节，其最大的魅力在于与人交流中感受到的人情味。来到这里时，常客们不时用温柔的声音跟我搭话。从各种独具创意的浴池设计中，我能感受到大黑汤对客人的心意。如此种种，使人倍感温暖。清爽舒服地离去，看到代代木上原的时尚街景，像做了一场梦。心情寂寥的时候，我大概又会到访这家钱汤吧。

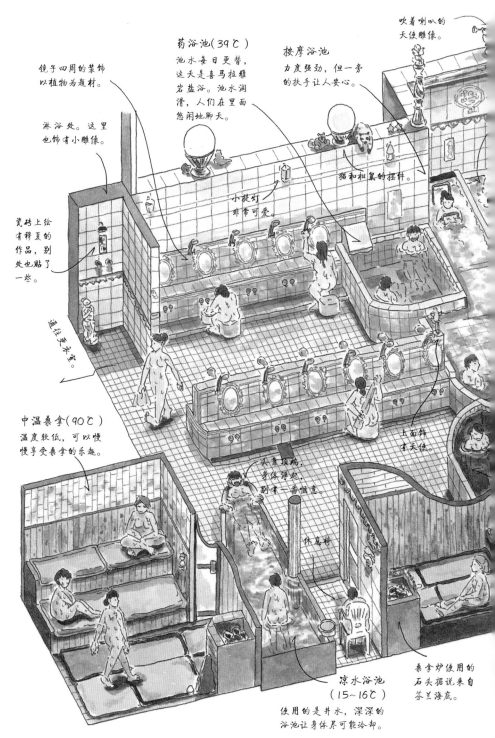

药浴池（39℃）
池水每日更替，这天是喜马拉雅岩盐浴。池水润滑，人们在里面悠闲地聊天。

接摩浴池
力度强劲，但一旁的扶手让人安心。

镜子四周的装饰以植物为题材。

淋浴处。这里也饰有小雕像。

瓷砖上绘有初夏的作品，别处也贴了一些。

吹着喇叭的天使雕像。

猫和松鼠的摆件。

小提灯非常可爱

温住更衣室。

上面饰有天使。

中温桑拿（90℃）
温度较低，可以慢慢享受桑拿的乐趣。

头靠顶端，身体浮起，别有一番惬意。

休息椅

凉水浴池
（15~16℃）
使用的是井水，深深的浴池让身体尽可能冷却。

桑拿炉使用的石头据说来自芬兰海底。

96

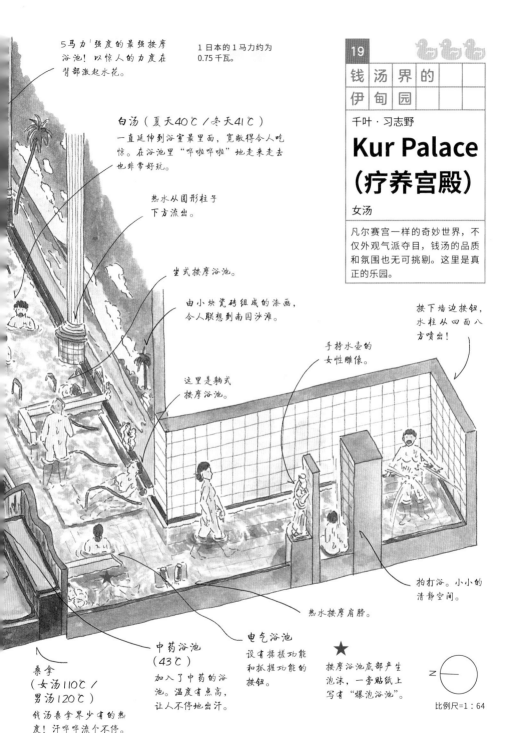

5马力¹强度的最强按摩浴池！以惊人的力度在背部激起水花。

1 日本的1马力约为0.75千瓦。

19

19

钱汤界的伊甸园

千叶·习志野

Kur Palace（疗养宫殿）

女汤

凡尔赛宫一样的奇妙世界，不仅外观气派夺目，钱汤的品质和氛围也无可挑剔。这里是真正的乐园。

白汤（夏天40℃／冬天41℃）
一直延伸到浴室最里面，宽敞得令人吃惊。在浴池里"哗啦哗啦"地走来走去也非常好玩。

热水从圆形柱子下方流出。

坐式按摩浴池。

由小块瓷砖组成的漆画，令人联想到南国沙滩。

手持水壶的女性雕像。

这里是躺式按摩浴池。

按下墙边按钮，水柱从四面八方喷出！

拍打浴。小小的清静空间。

热水按摩肩膀。

中药浴池（43℃）
加入了中药的浴池。温度有点高，让人不停地出汗。

电气浴池
设有揉搓功能和抓握功能的按钮。

桑拿（女汤110℃／男汤120℃）
钱汤桑拿界少有的热度！汗哗哗流个不停。

★
按摩浴池底部产生泡沫，一旁贴纸上写有"爆泡浴池"。

比例尺=1：64

钱 汤 界 的 伊 甸 园

　　沿着宁静的团地住宅区步行，就看到立有白色雕像，点缀粉色装饰的建筑，全然没有一般钱汤的特征，这就是Kur Palace。穿过立着古希腊柱式的大门走向前台，一只玩具贵宾犬乖乖坐在那里。我伸手交给老板娘入浴费时，它在我的手上舔个不停。穿过挂着印象派画作的走廊，我来到女汤。

　　辉煌的大吊灯、色调柔和的壁纸、白色裸体像、蜡烛样式的灯具、豪华的彩绘玻璃天窗、洛可可风格的更衣室……这一切共同构成一个绚烂多姿的世界，让我倍感震撼。把衣物放在储存柜，进入浴场。三列冲洗处砌有华丽的淡粉色瓷砖，浴室深处的墙壁上绘有让人联想到南国海边的漆画。

　　浴池类型丰富得惊人，有药浴池、按摩浴池、气泡按摩浴池、电气浴池、桑拿和中温桑拿等。除此以外，还有延伸至深处的过道。在及膝的浴池水中沿着过道前行，会看到墙壁扶手和耐人寻味的按钮。在好奇心的驱使下按动按

钮，水柱从四面八方飞溅过来，刺激着腹部四周，说不定有减肥的效果。

接下来是漆画旁边的按摩浴池。墙上的贴纸写有"5马力"的字样，战战兢兢地按下按钮，只听一阵轻微的隆隆声，身体猛然弹起，被拍在眼前的扶手上，真是力度惊人。这个5马力的按摩浴池是我体验过的最强按摩浴池。随后，我在中温桑拿房欣赏电影，在药浴池尽情享受，泡了个非同一般的澡。

Kur Palace不仅有夺目的装潢，高品质的浴池，细节处也充满巧思。强劲的按摩浴池、装有三台电视的浴室、带有照明的淋浴喷头，这些都体现了店主的独特趣味和客人至上的服务精神。在更衣室深处，是以洛可可风格装饰到极致的化妆室，划分有几个位置。满足了女性出浴后想好好化妆一番的心理，我不禁再次为店主的用心所折服。

专栏 **3**

钱汤
特有的
社交

天气一天天
变冷了呢。

就是说呀。

洗浴时会和
隔壁的人搭话。

　　社交也是钱汤的乐趣之一。每家钱汤都有一群常客，不论何时去总会遇上几位。常客往往选在开店时光顾，且大多上了年纪。我经常在女汤的更衣室或浴池里看到阿姨们眉飞色舞地谈天说地。加入她们，或与眼神偶然对上的人搭话，于我都是乐事。在桑拿室和人谈论电视播放的内容，在浴池里同人对视后点头示意，跟她们搭讪："您总是来这儿吗？"她们往往应道："总是来哟，已经持续十五年了。""这里以前有个池子，还可以喂锦鲤。""新店员来了以后钱汤变了很多。"从这些回答中，能一窥钱汤常客们独特的想法，真的很有趣。作为一名钱汤从业者，我偶尔也会为对方言语间流露出的对钱汤的热情而感动。

若彼此都泡得头脑发昏的话，谈话便顺势结束。短时间内的侃侃而谈，好似在酒会的桌席间走动交流一般。到目前为止，我和很多人都有过交流。在某一个瞬间，与各色人等来一场独一无二的交谈，这是独属于钱汤的快乐。

我建议大家也试着让自己成为一名常客，参与钱汤的社交。每天同一时间，我都会泡在小杉汤，等待几张熟悉的面孔出现。一旦遇到，便打声招呼，泡在同一个浴池里说上几分钟："纯情商店街新开的居酒屋，新店促销啤酒才10日元一杯。""最近买的泥面膜还不错，你要用吗？""要尝尝我采的蘑菇吗？"刚去小杉汤的时候，我还难以开口和别人搭话，但在固定时间去过多次后，浴池的客人也开始跟我搭话了。现在，这种交流已成为我日常生活的一部分。聊的虽然都是本地新闻、熟人逸事一类的琐事，但每天和相同的人谈话，已逐渐地融入了我的生活节奏。蛰居家中执笔撰稿的时候，心情消沉低落的时候，

偶尔也会隔着浴池和隔壁的人交谈。

今天的浴池水真好闻。

对皮肤也很好呢。

通过这些交谈，我总能找回原有的自我。

　　虽然我每天都会和常客们聊天，但神奇的是我们并不知道彼此的姓名职业，甚至不知道平日里对方穿什么衣服。不知为何，在街上相遇时，反而会有几分尴尬。不过正因如此，裸身聊天会令人感到放松和惬意。大家光着身子，抛开各自的年龄和职业，作为单纯的个体进行交流。限于浴室的谈话也不会为之后的生活留下麻烦。这并非一种浅薄的关系，每天的见面让这种关系变得无拘无束，却日益深厚。或许正因为我习惯了社交软件上与人匿名交流，便感觉这种关系很舒适。沉浸于这种独特的社交，也是钱汤的乐趣之一。

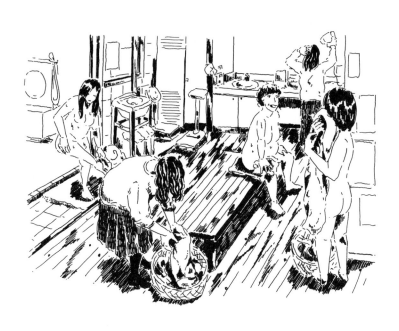

第 4 章
感受钱汤

体味人情

为了相遇，我们来到钱汤。
品味店主倾注在钱汤的心思，
精选 3 家温情钱汤。

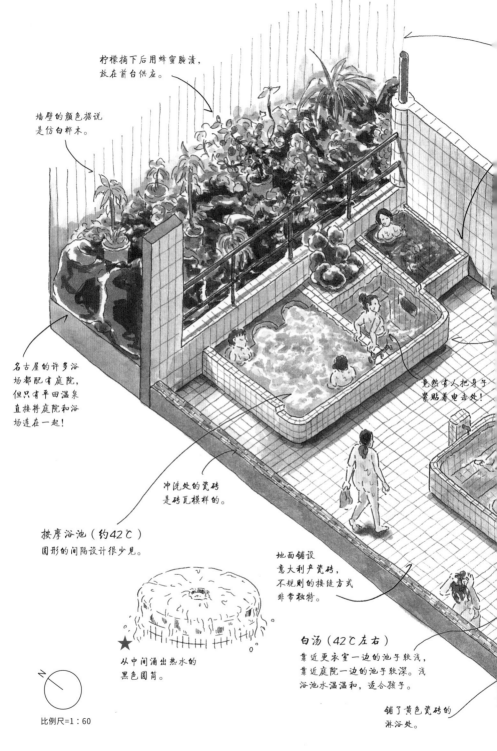

柠檬摘下后用蜂蜜腌渍，放在前台供应。

墙壁的颜色据说是仿白桦木。

名古屋的许多浴场都配有庭院，但只有平田温泉直接将庭院和浴场连在一起！

冲洗处的瓷砖是砖瓦模样的。

竟然有人把身子紧贴着电击处。

按摩浴池（约42℃）
圆形的间隔设计很少见。

★ 从中间涌出热水的黑色圆筒。

N

比例尺=1∶60

地面铺设意大利产瓷砖，不规则的接缝方式非常独特。

白汤（42℃左右）
靠近更衣室一边的池子较浅，靠近庭院一边的池子较深。浅浴池水温温和，适合孩子。

铺了黄色瓷砖的淋浴处。

104

种植着柠檬、香蕉、菠萝和神秘果的庭院。浴室的水蒸气和温度正好提供像温室一样的环境。

爱知·名古屋

平田温泉

女汤

前台摆有浴室庭院种的柠檬，售卖供顾客使用的面膜，夫妻的心意渗入细微之处。

药浴池（42℃）
圆形座位坐起来很舒服！这天的池水是薄荷蓝色的。

电气浴池（约42℃）
电气浴池装有可以循环按压、揉搓、敲打的电子按摩系统"揉兵卫"。这个浴池颇受欢迎，令人沉迷。

很多人会用这里的水龙头。

凉水浴池
（18~20℃）
使用的是地下水，和桑拿的温度搭配得非常好。

桑拿
（男汤100℃／女汤90℃）
湿度适宜，非常舒服。

罕见的圆形桑拿炉，尺寸虽小，功力十足。

这里位置稍高，方便放置随身物品。

躲在柱子后，仿佛被包围一般，心绪随之沉静。

通往更衣室。

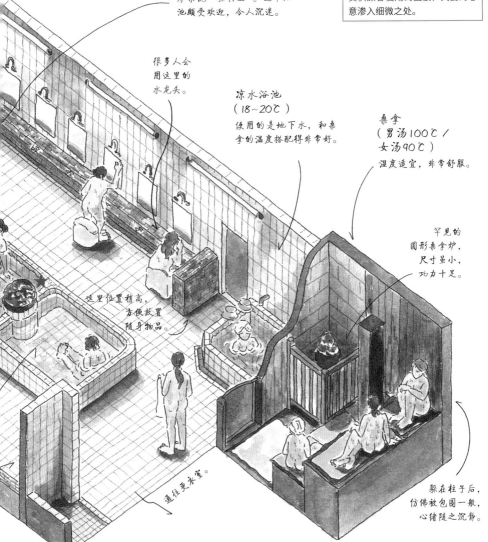

105

饱含心意的钱汤

　　"我们没什么特点，但充满了心意"。我在大阪现场表演《钱汤图解》的绘制时，名古屋平田温泉的老板娘前来观看，她的这句话令我印象深刻。她特意乘坐新干线从名古屋赶来，让我颇感惊讶。怀着这样热情的人经营的钱汤，一定有其过人之处，我便动身前去拜访。平田温泉的入口装着玻璃门，"山"字形的屋顶中间写着"ゆ"（汤）字的霓虹招牌特别可爱。

　　进去后，穿着爱知县浴场协会 T 恤的夫妻俩出来迎接。我和老板娘一起进入浴场。浴场的中间是浴池，里面并排着按摩浴池、电气浴池和药浴池。东京的钱汤常绘有富士山壁画的位置，在这里竟是一处有着各种植物和岩石的庭院。

　　在名古屋，似乎不少钱汤的浴场里都配有庭院，但只有平田温泉没有用玻璃隔开，而是直接将其设在浴场里。浴室的水汽和温度形成了温室一样的环境，所以种的都是热带植物。"这里种着柠檬哦。"老板娘用手指着还是绿色的圆圆柠檬。它们成熟后，会被腌渍在蜂蜜里，放在前台招待客人。除此之外，

好像还种着香蕉、杧果和神秘果等。仔细看，庭院里还有很多小摆件，让人百看不厌。

采访结束，我在平田温泉的浴场里享受了一番后去往接待室。前台陈列着各色商品：小鸭子玩具、零售的香皂、柿种花生米和"熊猫钱汤"的周边产品等。细细一看，还有面膜售卖。"一个人敷面膜会有些不好意思，但是大家一起敷就不会了。"常客们会在更衣室一边敷着面膜一边聊天。泡澡结束后，所有人都敷着面膜，人和人的距离也被拉近了。

一边吃着用附近高中养蜂场的蜂蜜制作的冰激凌，一边和老板娘东聊西聊。据说，这里每月会办一次展会，如果有人做了好玩的物件，也会被拿来放在这里贩售。此外，平田温泉宣传册上印着的女孩是这里的熟客，当时给她的报酬是鸡蛋小馒头。聊着聊着，我对老板娘倍感亲近，切实感受到夫妇二人对平田温泉倾注的爱意。临别时他们对我说道"欢迎再来"，如果住在附近，我就可以每天拜访了，真是羡慕名古屋的居民。

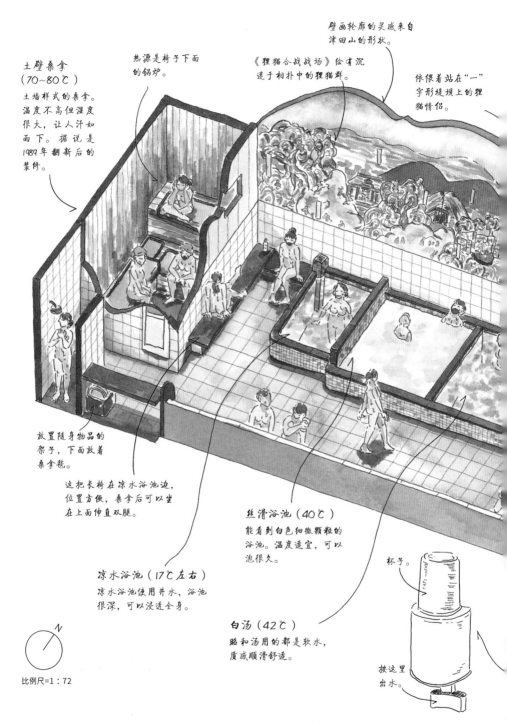

土壁桑拿
（70~80℃）

土墙样式的桑拿。
温度不高但湿度
很大，让人汗如
雨下。据说是
1989年翻新后的
装修。

热源是椅子下面
的锅炉。

《狸猫合战战场》绘有沉
迷于相扑中的狸猫群。

壁画轮廓的灵感来自
津田山的形状。

依偎着站在"一"
字形堤坝上的狸
猫情侣。

放置随身物品的
架子，下面放着
桑拿毯。

这把长椅在凉水浴池边，
位置方便，桑拿后可以坐
在上面伸直双腿。

丝滑浴池（40℃）

能看到白色细微颗粒的
浴池。温度适宜，可以
泡很久。

凉水浴池（17℃左右）

凉水浴池使用井水，浴池
很深，可以浸透全身。

白汤（42℃）

昭和汤用的都是软水，
质感顺滑舒适。

杯子。

按这里
出水。

N

比例尺=1：72

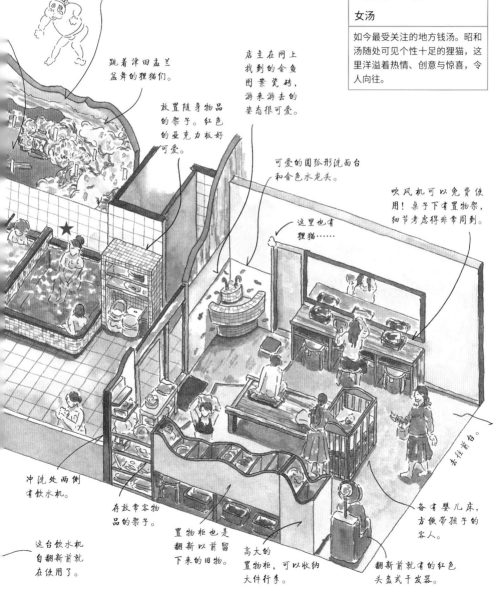

21

令人神往的钱汤

德岛

昭和汤

女汤

如今最受关注的地方钱汤。昭和汤随处可见个性十足的狸猫，这里洋溢着热情、创意与惊喜，令人向往。

壁画由负责翻新设计的建筑师的女儿绘制。画面上神态各异的狸猫遍布津田的历史遗迹，而津田也是昭和汤的所在地。

★ 每日一换的浴池（40℃）

入浴剂每日一换，今天是粉色丝带浴。

跳着津田盂兰盆舞的狸猫们。

放置随身物品的架子。红色的亚克力板好可爱。

店主在网上找到的金鱼图案瓷砖，游来游去的姿态很可爱。

可爱的圆弧形洗面台和金色水龙头。

吹风机可以免费使用！桌子下有置物架，细节考虑得非常周到。

这里也有狸猫……

冲洗处两侧有饮水机。

这台饮水机自翻新前就在使用了。

存放带客物品的架子。

置物柜也是翻新以前留下来的旧物。

高大的置物柜，可以收纳大件行李。

去往前台

备有婴儿床，方便带孩子的客人。

翻新前就有的红色头盔式干发器。

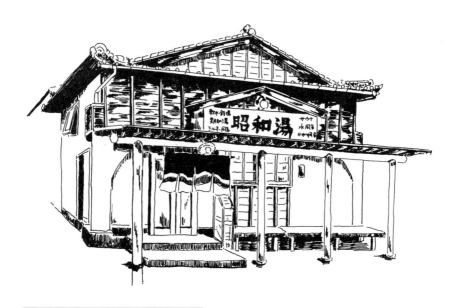

令人神往的钱汤

　　德岛市的昭和汤在2018年8月重新装修后，一直和本地的农户、杂货铺联合举行活动，进行各种创新尝试。同时，他们在社交网络上投入大量精力，装修期间每天在网上更新工程进度。看到这些有趣的帖子，我打算一定要在翻新完成后去德岛见识一下。

　　昭和汤位于被河流与大海包围的渔镇——津田。仁立在蜿蜒的小路边，两边并排着低矮的房屋。双层山形屋顶的木材因岁月的流逝而褪变成质朴的颜色，玄关和屋檐下是如咖啡厅一样精致的崭新设计。进到里面，高高的天花板中央悬挂着吊扇，木质风的接待室非常舒适。前台一侧饰有狸猫图画。浴场形状细长，结构简洁。在更衣室后，右侧并列四个浴池，左侧是一排水龙头，再往里是桑拿室。

　　尤为引人注目的，是与男汤的隔断墙上的漆画。夕阳染就的群山下，描绘着穴观音、御台场、津田八幡神社等当地名胜。在这样的舞台中，随处可见表情丰富、各具特色的小狸猫：在相扑中被推飞的狸猫、穿着和服跳盂兰

盆舞的狸猫、跳长绳的狸猫等。泡澡的时候从这一处看到那一处，真是应接不暇。

现在负责运营昭和汤的是第四代老板新田启二先生。他趁浴室老化，需要重铺瓷砖之际，直接进行了整体翻新。改装以吸引年轻人为目的，翻新工程交给了当地建筑师内野辉明先生，他在美院上学的女儿内野小春则负责绘制壁画。德岛有"阿波狸合战"的传说故事，参加这场战斗的六右卫门狸的巢穴就在穴观音。于是，"狸猫"便被当作这次翻新工作的关键词，现在已成为昭和汤吉祥物一样的存在了。

新田先生还介绍了昭和汤今后的发展愿景。据他所述，目前，昭和汤正在通过社交平台和德岛其他各方合作举办活动，不断进行着新尝试。之后，他们也会坚持这种经营方式。展望未来的新田先生眼里闪着光。我不禁期待起数年后昭和汤的变化。说不准，钱汤里还会多出几只狸猫呢——我畅想未来，嘴角不禁微微上翘。

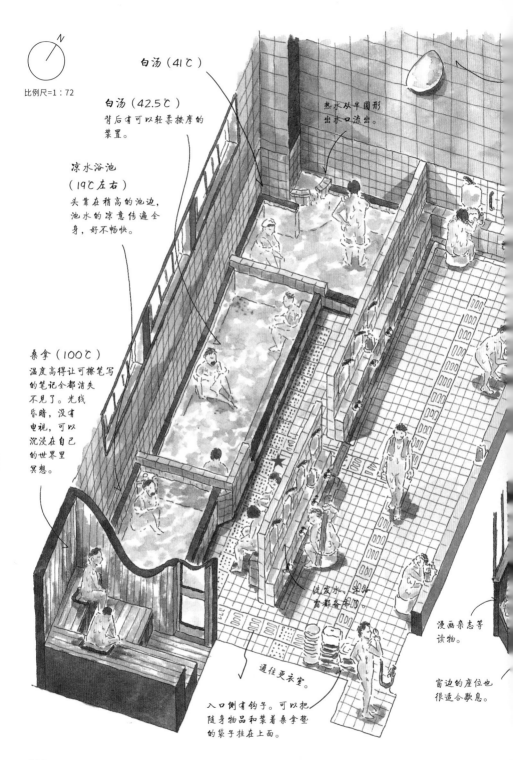

比例尺=1：72

白汤（41℃）

白汤（42.5℃）
背后有可以轻柔按摩的
装置。

凉水浴池
（19℃左右）
头靠在稍高的池边，
池水的凉意传遍全
身，好不畅快。

桑拿（100℃）
温度高得让可擦笔写
的笔记全都消失
不见了。光线
昏暗，没有
电视，可以
沉浸在自己
的世界里
冥想。

热水从半圆形
出水口流出。

洗发水、浴液
都都备齐。

通往更衣室。

入口侧有钩子。可以把
随身物品和装着桑拿垫
的袋子挂在上面。

漫画杂志等
读物。

窗边的座位也
很适合歇息。

22

家乡一样的
钱汤

东京·大崎

金春汤

男汤+接待室

金春汤的继承者正一边从事着工程师的工作，一边参与着钱汤的经营。这是一家人合力打造的温情钱汤。

月亮形状的艺术装置。女汤那边也有同样的装饰，二者彼此呼应。

★ 长椅。
泡过凉水浴后，推荐来这里放松！
椅子有一定高度，可以好休息一番。

后门。

这里贩卖的精酿啤酒由在饮食店工作的弟弟挑选，还配有下酒菜。

酒瓶形状的开瓶器，好时髦。

为孩子准备的玩偶和图画书。

桶里有金春汤的贴纸。

这里铺着榻榻米，出浴后可以在这里休息。

洗浴用品等。

出租玩具和儿童肥皂！非常体贴带着孩子的客人。

金春汤的原创T恤。

坐在矮桌旁发呆。

去往玄关。

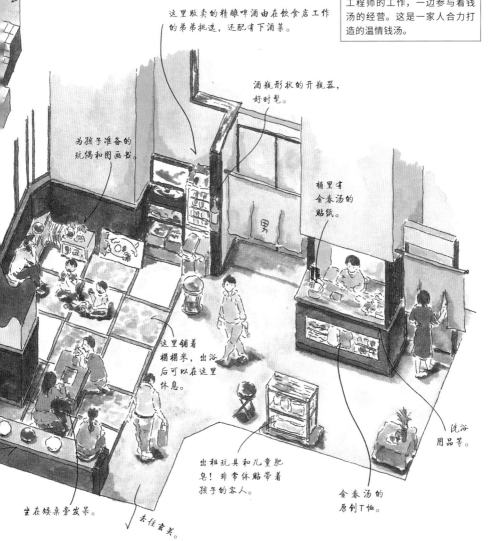

家乡一样的钱汤

目前为止，我已对50多家钱汤提出过采访申请，一开始也被拒绝过。而最近，有人向我表示"让盐谷小姐画图解是我的梦想"，我受宠若惊。当我意识到《钱汤图解》可以激励钱汤经营者时，便想通过《钱汤图解》来支持身边那些努力工作的人，就找到了老相识——金春汤的角屋先生。

金春汤位于JR大崎站，出站步行8分钟即到，是一家高楼里的钱汤。接受采访的是33岁的角屋文隆先生。他是金春汤老板的儿子，职业是工程师，周末和工作日的夜里会到店里帮忙。角屋先生是从2017年夏天接触金春汤的经营的，那年他母亲受伤入院，他便开始在工作之余帮忙钱汤的事宜。通过在前台和客人聊天，他感受到了乐趣，开始喜欢上这份工作。

得知同一代的钱汤经营者都在尝试着各种创新，角屋先生也开始想为金春汤做些什么。利用过年放假的时间，角川先生开设了金春汤的主页，一步步地参与到家族事业中去。"在公司很难迅速地开展一项工作，但是在钱汤，我可以直接和人们对话，听到别人的反馈，这使我很开心。"

　　在店门口放置看板、制作金春汤贴纸，角屋先生积极进行各种尝试。他的热情也激励了家里人，一家人开始热心地帮忙举行活动、贩卖商品。在前台出售的桑拿帽就是角屋一家的作品，精酿啤酒由在饮食店工作的弟弟负责，金春汤原创Ｔ恤的图案则出自角屋先生的父亲和妻子之手。角屋先生一心想在金春汤做些什么，受此感召，全家人都在为金春汤的经营出力。

　　采访后，我体验了金春汤的浴池。泡在温润的池水里，悠闲地抬头望向天花板，心情舒适愉悦。桑拿室的昏暗灯光让人沉静。体验桑拿时，还会得到一个装有桑拿垫的袋子，袋子上的花纹十分可人。

　　泡完澡后，我去铺着榻榻米的接待室里待了一会儿。年轻人坐在榻榻米上喝着精酿，年长的客人坐在椅子上放松。从浴室到接待室，处处都流露出金春汤对客人的体贴。这都要归功于角屋先生全家的热情经营。我感受到了家乡一般的温情。这样的金春汤，我想一直支持下去。

不是结束的结束语

憧憬母亲的背影

对《钱汤图解》还满意吗？回想起来，绘制钱汤图解的契机还要追溯到中学时期。当时，我的母亲在培养室内装修设计咨询师的专门学校上课。学校的作业之一是绘制住宅透视图，憧憬于母亲绘图的背影，我向母亲学习了画室内透视图的方法。一开始画的建筑图真的非常拙劣，但是从那个时候开始，我便尝到了画建筑的快乐。

就这样，我逐渐对建筑产生兴趣，考上了早稻田大学建筑学系。大学四年级时，我师从以艺术角度研究建筑的入江正之老师，加入其研究室。毕业论文的题目是地方城市的街景色彩研究。当时，我绘制了对象地区的风景素描和两幅长达三米的街景画卷。听到居民对我的画的喜爱："能从另一个视角观察自己的城市，真有意思。"我心生感动，当时想：如果能以画这种画为工作就好了。

研究生的最后阶段，我以"设计与绘画"为设计课题。配有插画的开头部分得到很高的评价，但主要部分却不尽如人意。这给了我很大冲击，我意识到，无论多喜欢画画，画画也不完全等于设计。不过，我或许可以在素描经验丰富的建筑师手下学习训练，争取将来成为一名把设计和绘画融会贯通的建筑师。抱着这种想法，我在一家设计事务所就职了。

为早日出人头地，一洗研究生课题那不甚理想的评价，我一头扎进工作。但同时，大学时期我就常因过度沉浸于课题设计而弄坏身体。工作后，我过分投入，不重视饮食、睡眠等日常生活规律。这样工作一年半后，身体已不堪负荷，开始出现各种问题。

唯一能摆脱罪恶感的地方

那时我频频耳鸣目眩。早上起床后，时常因强烈的疲惫而迟到。和人说话时头脑迟钝，脸色也很差。因身体状况不好，犯错增多，自己也开始厌恶起自己。精神状况恶化，甚至一度考虑自杀。

因身体状况非常差，我决定休养一周。在医院，我被诊断出功能性低血糖症。压力太大引起肾上腺功能减退，血糖值无法得到控制，身体状况不佳、心情抑郁就是其症状。医生建议休养期延长到三个月，我把工作交接好，便开始休假。

在家休息的这段日子，给公司造成的麻烦和家人的担心让我产生内疚，心理上并未得到放松。这时，我见到了也在休假的朋友，谈话间聊到她当时正沉迷的钱汤，我便打算和她一起体验一下。

久违地来到钱汤，白天的阳光洒进巨大的浴池，让人心旷神怡。周围没有同龄人这一点也让我感到放松，抑郁中的我宁静了下来，仿佛身上的厚重外壳已开始融解。把这件事告诉医生后，医生也建议我养成去钱汤的习惯："让身体暖和起来是有好处的。"我当时为休假而心怀愧疚，不愿去做那些能使自己快乐的事，这一想法一直束缚着我。得到医嘱后，钱汤成了我唯一可以摆脱罪恶感的场所。而且，家附近的钱汤每次只需一枚硬币，对于体力不支、休假没钱的我来说再合适不过了。

热水和凉水交替的交互浴非常适合我的身体状况。通过交互浴，血液循环畅通，身子更加轻盈，处于负面情绪的内心也变得积极。我切身体会到了钱汤对身体的益处，并为之深深着迷。"今天去哪家钱汤？"成为每天最让我兴奋的话题。

最初的《钱汤图解》

某天，在我和朋友一起去寿汤时发生了一件事。寿汤是一家位于上野的钱汤老店，我们是在上野公园慢跑后去的。

和刚慢跑完也有关吧，当浸泡在热水里时，身心感到异常放松。我一边看着经典的富士山壁画，一边回味着钱汤的乐趣。一种强烈的想法出现在我的脑海——我要将这份愉快和幸福传达给其他人。当时在推特上，我正和另一位朋友时不时地玩一种交换绘画日记的游戏。我打算把这种幸福传递给没有去过钱汤的她，之后绘制的，就是最开始的《钱汤图解》。

为了让身为建筑系同学的她也容易看懂，我使用了建筑图法的方式作画。在推特发表以后，她兴致勃勃地表达了想去钱汤的意愿。更让我没想到的是，除她以外，还有很多人为我留言了。

每每发布一幅《钱汤图解》，在推特上总能收到很多反响。这让我对自己的画，以及自己这个人越来越有信心。大概画了七幅后，钱汤媒体《东京钱汤》联系到了我，他们想报道《钱汤图解》。报道文章面世后，我收到了更多反响。小杉汤也联系到了我，想请我为他们画宣传册。

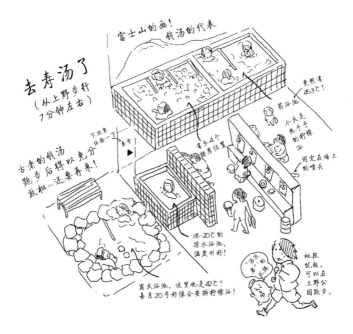

跳槽到钱汤

联系我的是小杉汤第三代老板平松佑介先生。他先前在一家房屋建造公司做销售工作，后和搭档一起创办了一家咨询公司，最后参与了家族产业小杉汤的管理。和我联系时，他刚着手小杉汤的运作。和平松先生沟通完宣传册的事后，我想和小杉汤建立更多联系。之后，我开始频繁地去小杉汤。

身体恢复得差不多后，我回到了设计事务所工作。一开始，我给自己设定了时间限制，循序渐进地恢复工作。但即使是简单的工作，我也没法集中注意力。工作结束后，我甚至疲惫得口齿不清。身体已经与休假前的状态大不相同，这让我大受打击。过了许多天，身体也丝毫未能恢复。当我发现自己已不能胜任简单的模型工作时，我不得不承认，现在的身体状况已经不适合在建筑行业工作了。与平松先生谈到此事时，他邀请道："要不要来小杉汤工作试试？"

最初，我还无法想象跳槽到钱汤。中学开始，我就抱着投身建筑业的理想，跳槽到钱汤的话，一切的学习和努力便白费了。虽然这样想，但是自己的身体已经不允许我在建筑业继续工作下去了，而我也想继续画钱汤，并参与到小杉汤的

---

1 原文为"ゆっぽくん"，是由东京都浴场协会创作的宣传用吉祥物。——编者注

工作中……我为此深深苦恼，却没有得出个答案。于是，我准备和十个朋友讨论看看，如果有一个人反对，我便留在建筑业。

没有想到，所有人都支持我转行：反正随时都可以回到建筑业，应该去尝试自己喜欢的事；大学时候就喜欢画画，不如就往这条路上走。听到朋友的话，我终于想起画画对于我的重要性。写作毕业论文时，居民的声音重新回响在耳畔。——"绘画能改变观察事物的角度""从业者会

委托绘制的宣传册封面

高兴的"——我意识到，这些正是我通过《钱汤图解》想要达成的事情。在建筑行业学到的东西并不会毫无用处。到头来，建筑之梦不也能在钱汤这个地方得以实现吗？这样想着，我听了从朋友的话，决心转行。

于是，2017年3月，我跳槽到小杉汤。我现在住在小杉汤附近，每天作为一名钱汤员工上班。虽然自己的工作生活环境发生了很大变化，但当初"传递钱汤魅力"的念头从未发生改变。

为了这本书，我花了半年时间采访和撰写，如此集中地绘画还是第一次。绘制时，我每天从早上7点起床开始，一直画到夜里都不曾休息，然后拖着疲惫的身躯前往小杉汤，再回家睡觉。在家默默绘画时，一些负面的念头和过去的难过记忆时而又浮现于脑海，精神因此消沉起来。但每画完一张图，强烈的自豪感又驱使我早点开始画下一张。为此，我早餐开始改吃蛋白粉，生活再次为画画所充实。"画画让我快乐"这种漂亮话我没法单纯地讲出口，但经过半年时间，如今我决意选择画画的人生，也一并接受其所包含的痛苦。尝到画画的快乐，以建筑为志向，在绘画和设计的夹缝里苦恼，身体也为此垮掉。和钱汤相遇后，开始绘制自己的画作并结集成书。至此，我终于能下定决心，走上绘画的人生道路了。

今后，我也想继续从事钱汤的活动，同时尝试其他绘画题材。不管是毕业论文时期画的街景，还是公共桑拿、人物画像等，我希望自己可以一直画下去。希望未来有朝一日，你会在其他地方发现我。

非常感谢你能读至最后。

2019年1月 盐谷步波

田中美月在2018年3月画就的富士山壁画。她的丈夫是前职业拳击手，画面右下角也因此画着拳击手。这幅壁画计划重画，之后说不定会画上熊猫？

水面倒映着洞窟里的景象，非常美丽。

白汤（41~42℃）
适合放松的舒适温度。紧凑地装有三种按摩设备。

盐桑拿（85℃）
温度比较高的盐桑拿。随便搓上一点点盐，汗就冒个不停。

提供洗发水和沐浴露。

温住軒汤后面。

药浴池
（44~45℃）
脚刚踏进去，身体就被烫得一震，适应后舒服到令人麻痹！药浴每天一换，这天添加了芦荟提取物。

每月的药浴预告、寿汤相关资讯，还有店主自己写的"寿汤消息"。不知不觉看得入迷起来。

桑拿（女汤90℃ / 男汤100℃）
湿度适当，非常燥热！男汤桑拿是8人间。

去往更衣室。

露天空间大得惊人！这里以前是放木柴的地方，2008年时改建成露天浴池。在东京，这里的面积和充实程度位于前列。

比例尺=1:82

120

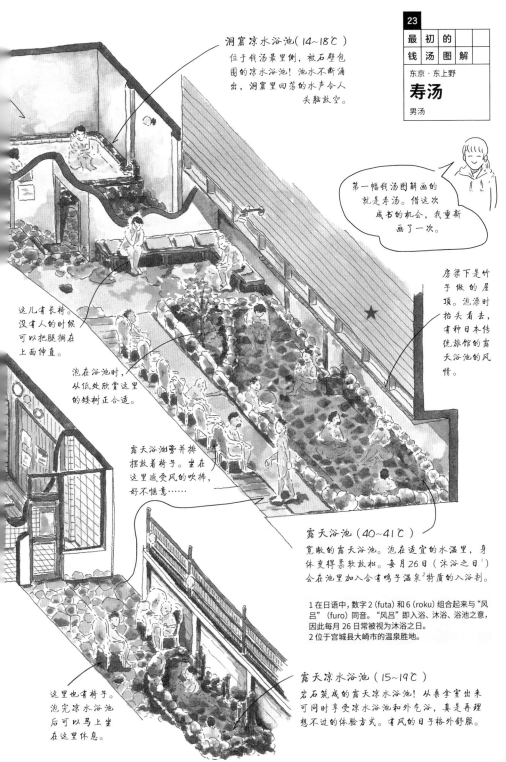

洞窟凉水浴池（14~18℃）
位于钱汤最里侧，被石壁包围的凉水浴池！池水不断涌出，洞窟里回荡的水声令人头脑放空。

第一幅钱汤图解画的就是寿汤。借这次成书的机会，我重新画了一次。

这儿有长椅。没有人的时候可以把腿搁在上面伸直。

泡在浴池时，从低处欣赏这里的矮树正合适。

房梁下是竹子做的屋顶。泡澡时抬头看去，有种日本传统旅馆的露天浴池的风情。

露天浴池旁并排摆放着椅子。坐在这里感受风的吹拂，好不惬意……

露天浴池（40~41℃）
宽敞的露天浴池。泡在适宜的水温里，身体变得柔软放松。每月26日（沐浴之日[1]）会在池里加入含有鸣子温泉[2]特质的入浴剂。

1 在日语中，数字2（futa）和6（roku）组合起来与"风吕"（furo）同音。"风吕"即入浴、沐浴、浴池之意，因此每月26日常被视为沐浴之日。
2 位于宫城县大崎市的温泉胜地。

露天凉水浴池（15~19℃）
岩石筑成的露天凉水浴池！从桑拿室出来可同时享受凉水浴池和外气浴，真是再理想不过的体验方式。有风的日子格外舒服。

这里也有椅子。泡完凉水浴池后可以马上坐在这里休息。

SENTO LIST 🦆 （钱汤列表）

00 小杉汤（东京·高圆寺）
★ JR 中央线高圆寺站出站步行 5 分钟
东京都杉井区高圆寺北 3-32-2
☎ 03-3337-6198
营业时间：15:30—次日 01:45（周末及节假日 8:00—次日 1:30）
固定休息日：星期四
http://kosugiyu.co.jp/

01 大黑汤（东京·北千住）
已于 2021 年 6 月停业

02 梅之汤（东京·荒川）
★都电荒川线小台站出站步行 7 分钟
东京都荒川区西尾久 4-13-2
☎ 03-3893-1695
营业时间：15:00—次日 01:00
固定休息日：星期一
推特：@1010_umenoyu
♨ 桑拿免费

03 日暮里齐藤汤（东京·日暮里）
★ JR 山手线日暮里站出站步行 3 分钟
东京都荒川区东日暮里 6-59-2
☎ 03-3801-4022
营业时间：14:00—23:00
固定休息日：星期五

04 向阳处之泉萩之汤（东京·莺谷）
★ JR 莺谷站出站步行 3 分钟
东京都台东区根岸 2-13-13
☎ 03-3872-7669
营业时间：6:00—9:00/11:00—次日 01:00
固定休息日：每月第三个星期二
http://haginoyu.jp/
♨ 桑拿使用费：工作日 300 日元，周末及节假日 400 日元

05 户越银座温泉（东京·户越银座）
★都营浅草线户越站出站步行 3 分钟 / 东急池上线户越银座站出站步行 5 分钟
东京都品川区户越 2-1-6
☎ 03-3782-7400
营业时间：15:00—次日 01:00（星期日和节假日 8:00—12:00 有晨汤）
固定休息日：星期五
http://togoshiginzaonsen.com/
♨ 桑拿使用费及入浴费：800 日元

06 大黑汤（东京·押上）
★东京地铁半藏门线押上站出站步行 6 分钟 /JR 总武线锦系町站出站步行 12 分钟
东京都墨田区横川 3-12-14
☎ 03-3622-6698
营业时间：15:00—次日 10:00（星期六 14:00—次日 10:00/ 星期日和节假日 13:00—次日 10:00）
固定休息日：星期二（遇上节日休星期三）
http://www.daikokuyu.com/

♨ 桑拿使用费：300—400 日元

07 喜乐汤（埼玉·川口）
★ JR 京滨东北线川口站或西川口站出站步行 12 分钟
埼玉县川口市川口 5-21-6
☎ 048-258-7689
营业时间：15:00—23:00（周末 8:00—12:00 有晨汤）
固定休息日：每月第四个星期一
♨ 入浴费（成人）：430 日元 / 桑拿免费

08 大藏汤（东京·町田）
★ JR 横滨线古渊站出站步行 10 分钟 / 小田急线町田站出站，乘公交车至泷之泽站下车步行 3 分钟
东京都町田市木曾町 522
☎ 042-723-5664
营业时间：14:00—23:00
固定休息日：星期五
http://www.ookurayu.com/
♨ 桑拿使用费及入浴费：900 日元

09 天然温泉久松汤（东京·练马）
★西武池袋线樱台站出站步行 5 分钟
东京都练马区樱台 4-32-15
☎ 03-3991-5092
营业时间：11:00—23:00
固定休息日：星期二
http://hisamatsuyu.jp/
♨ 桑拿使用费：550 日元

10 樱馆（东京·蒲田）
★东急池上线池上站出站步行 6 分钟
东京都大田区池上 6-35-5
☎ 03-3754-2637
营业时间：12:00—次日 01:00（周末及节假日 10:00—次日 01:00）
固定休息日：年中无休
http://sakurakan.biz/
♨ 桑拿使用费：100 日元

11 天然温泉汤丼荣汤（东京·浅草）
★东京地铁日比谷线到三轮站出站步行 10 分钟
东京都台东区日本堤 1-4-5
☎ 03-3875-2885
营业时间：14:00—23:00（星期日及节假日 12:00—23:00）
固定休息日：星期三
http://sakaeyu.com/
♨ 桑拿使用费：600 日元

12 汤家和心吉之汤（东京·成田东）
★ JR 中央线高圆寺站出站，乘公交车到松之木住宅站下车步行 5 分钟
东京都杉井区成田东 1-14-7
☎ 03-3315-1766
营业时间：13:30—22:00（周末 8:00—11:00 有晨汤）
固定休息日：星期一
http://yoshinoyu.sakura.ne.jp/
♨ 桑拿使用费及入浴费：1100 日元（入浴费为 550 日元）

13 桑拿之梅汤（京都）

★ JR 京都站出站步行 15 分钟 / 京阪本线七条站出站步行 7 分钟
京都府京都市下京区岩泷町 175
☎ 080-2523-0626
营业时间：14:00—次日 02:00（周末 6:00—12:00 有晨汤）
固定休息日：星期四
推特：@umeyu_rakuen
♨ 入浴费（成人）：490 日元 / 桑拿免费

14 昭和复古温泉一乃汤（三重·伊贺）

★ 伊贺线茅町站出站步行 7 分钟
三重县伊贺市上野西日南町 1762
☎ 0595-21-1126
营业时间：14:00—23:00
固定休息日：星期四
http://ichinoyuiga.com/
♨ 入浴费（成人）：470 日元

15 药师汤（东京·墨田）

★ 东武伊势崎线东京晴空塔站出站徒步 2 分钟
东京墨田区向岛 3-46-10
☎ 03-3622-1545
营业时间：15:30—次日 02:00
固定休息日：星期三（遇上节日休星期二）
http://yakushiyu.com/
♨ 桑拿使用费：200 日元

16 蒲田温泉（东京·蒲田）

★ JR 京滨东北线蒲田站出站，乘公交车到蒲田本町站下车步行 1 分钟
东京都大田区蒲田本町 2-23-2
☎ 03-3732-1126
营业时间：10:00—24:00
固定休息日：年中无休
♨ 桑拿免费

17 境南浴场（东京·武藏境）

★ JR 中央线武藏境站出站步行 5 分钟
东京都武藏野市境南町 3-11-8
☎ 0422-31-7347
营业时间：16:00—23:00
固定休息日：星期五
♨ 桑拿使用费：300 日元

18 大黑汤（东京·代代木上原）

★ 小田急线代代木上原站出站徒步 3 分钟
东京都涉谷区西原 3-24-5
☎ 03-3485-1701
营业时间：16:00—次日 01:30（星期日 13:00—次日 01:30）
固定休息日：每月第一个和第三个星期三
♨ 桑拿使用费及入浴费：1000 日元

19 Kur Palace（千叶·习志野）

★ 新京成电铁习志野站出站步行 5 分钟
千叶县船桥市药圆台 4-20-9
☎ 047-466-3313
营业时间：15:00—23:30
固定休息日：星期一
♨ 入浴费（成人）：500 日元 / 桑拿使用费：200 日元

20 平田温泉（爱知·名古屋）

★ 地铁高岳站 / 新荣町站出站步行 12 分钟
爱知县名古屋市东区相生町 38
☎ 052-931-4009
营业时间：15:00—22:45
固定休息日：星期二
http://ameblo.jp/heiden—onsen/
♨ 入浴费（成人）：420 日元 / 桑拿使用费：100 日元

21 昭和汤（德岛）

★ 乘公交车到津田松原下车步行 5 分钟
德岛县德岛市津田本町 3-3-23
☎ 088-662-0379
营业时间：15:00—22:00（周末及节假日 14:00—22:00）
固定休息日：每月 2 日、3 日、12 日、13 日、22 日、23 日
推特：@1010showayu
♨ 入浴费（成人）：450 日元 / 桑拿免费

22 金春汤（东京·大崎）

★ JR 大崎站出站步行 8 分钟
东京都品川区大崎 3-18-8
☎ 03-3492-4150
营业时间：15:30—24:00（周末 10:00—24:00）
固定休息日：星期一（遇上节日休星期二）
http://kom—pal.com/
♨ 桑拿使用费：600 日元

23 寿汤（东京·东上野）

★ 东京地铁银座线稻荷町站出站步行 2 分钟 /JR 上野站出站步行 12 分钟
东京都台东区上野 5-4-17
☎ 03-3844-8886
营业时间：11:00—次日 01:30
固定休息日：每月第三个星期四
♨ 桑拿使用费：350 日元